课里课外新阅读

极具挑战的 数学故事

Shuxue Gushi

田　竞◎编

U0923542

吉林出版集团股份有限公司

图书在版编目（CIP）数据

极具挑战的数学故事 / 田竞编. —长春：吉林出版集团股份有限公司，2012.2（2021.3 重印）
（课里课外新阅读）
ISBN 978-7-5463-8073-5

Ⅰ. ①极… Ⅱ. ①田… Ⅲ. ①数学—青年读物②数学—少年读物 Ⅳ. ①O1-49

中国版本图书馆 CIP 数据核字（2012）第 019538 号

课里课外新阅读

极具挑战的数学故事

Jiju Tiaozhan de Shuxue Gushi

出版策划：孙 昶
选题策划：郝秋月
责任编辑：于媛媛
责任校对：范 迪
装帧设计：李 婷
图文编排：焦转丽 刘 俊
出　　版：吉林出版集团股份有限公司
（长春市福祉大路 5788 号，邮政编码：130118）
发　　行：吉林出版集团译文图书经营有限公司
（http://shop34896900.taobao.com）
电　　话：总编办 0431-81629909 营销部 0431-81629881
印　　刷：三河市燕春印务有限公司
开　　本：787mm × 1092mm 1/16
印　　张：10.25
字　　数：160 千字
版　　次：2012 年 6 月第 1 版
印　　次：2021 年 3 月第 5 次印刷
书　　号：ISBN 978-7-5463-8073-5
定　　价：38.00 元

前言
FOREWORD

数学是自然学科里举足轻重的基础学科。比起其他的自然学科，数学似乎是神秘而虚幻的，它因为抽象而显得如此飘缈，以至于让人难以亲近。事实果真如此吗？当你主动去了解数学背后的故事时，你会发现，数学其实并没有之前你自己所想像的那样不可亲近。那些独自沉醉在数学世界中的人们，常常身在其中而怡然自乐。

你可能不爱数学，很大程度上是因为你不懂它。或许你会说，懂人的心都很难，更何况去弄懂一门如此艰深的知识呢？如果你这样想，你就已经把自己关在了数学王国的大门之外。懂数学的人会跟你说，数学是一门艺术，有着诗歌的语言、音乐的节奏、绘画的色彩，还有戏剧跌宕起伏的情节。每一个热爱数学的人都将它看成瑰宝、爱人甚至世界的全部，为之倾心尽力，无怨无悔，如飞蛾扑火。如果你想读懂数学，那就先从这里开始和我们一起走近数学！

目录
CONTENTS

第三章　古人的智慧

第四章　腾飞的想象

第五章　数学与现代科技

附录　大事年表

第一章 Di-yi Zhang

数学的灵魂

Shuxue de Linghun

公元前 6 世纪，当孔子在华夏大地向他的弟子宣讲“仁爱”礼义时，在意大利半岛南端的克罗内托城，毕达哥拉斯正在将他“万物皆数”的哲学观解释给自己的学生们听，并一再强调几何与算术的重要性。数以及关于数的理论组成了人类数学知识的主要内容，数字因而成为数学的灵魂所在。它们无始无终，变化无穷，但当你真正了解了其中的规律，你会惊喜地发现，数学竟是如此斑斓。

从结绳记事开始 数字诞生

数字是人类的智慧从蒙昧中觉醒的重要产物，它是人类基本的工具学科——数学所研究的主要内容，在数学王国中有着举足轻重的地位。数学最初的研究对象就是以数字为主，随着人们对数的认识的加深，数学也有了长足的发展。

作为一门古老的学科，数学是人类文明的重要组成部分，有着非常悠久的历史。据文献记载，至少在5000年前，人类就已经开始有了数学活动。

早在人类还处在茹毛饮血的蒙昧时代时，人类的祖先就具备了识别事物多少的能力。这种原始的觉醒经过漫长的演变，逐渐形成了“数”的概念。数的诞生，可以说是人类主动认识和思考世界现象的结果。最初，原始人在采集、渔猎等活动中认识到一只羊、一条鱼、一棵树等之间存在着某种共同的东西，即单位性。后来，这种单位性慢慢被赋予了数的概念。数的概念的形成，是人类的思维模式迈向一个更高阶段的标志之一。

结绳是原始人最初的记事方法。

后来，人类由群居发展为部落。部落由一些成员很少的家庭组成。所谓“有”，即表示“一”“二”“三”“多”等四种。而任何大于“三”的数量，他们则都统一理解为“多”或者“一堆”“一群”。有些部落酋长虽是长者，却说不出他捕获过多少种野兽，看见过多少种树，倒是巫医会编造一些词汇来回答“多少种”的问题，并煞有介事地吟诵出来。然而，不管怎样，他们已经可以用双手表达清楚这样的内容了。比如用一个指头指鹿，三个指头指箭，表达的意思是：要换我一头鹿，你得给我三支箭。

在文字产生以前，人们不只是用口语和手语进行交流，还用图画和实物作为交际的辅助工具，这就是人们常说的“信记”。信记中一种是象征性的，如用一支箭表示战争；另一种是约定性的，约定性就是事先规定好信记所表示的意思。如结绳，绳子的颜色、大小、数量和位置都是事前规定好了的。

↑古代印第安人用“奇普”这种方法结绳计数。

尼罗河流域的古埃及人是世界上较早从事农业生产活动的民族之一。由于尼罗河定期泛滥，河水常常淹没大片农田。古埃及人通过长期的观察，发现每年的 7 月尼罗河会泛滥，11 月洪水逐渐退落，并且这种现象大约 365 天重复一次。这样，古埃及人就选择洪水退落后，在淤泥上播种，在 6 月洪水来临前收割。为此，他们发明了衡量天数的计算方式。

不仅仅是古埃及，世界上其他的古老文明发源地如巴比伦、印度、中国等，也都产生了各自的记数法和最初的数学知识。距今两千多年以前，古希腊人也积累起较为丰富的数学知识，并将数学发展成为一门系统的知识体系。“数学”的希腊文原意就是“科学或知识”。他们特别注意“论证”在数学中的应用，因此，欧几里得的几何学几乎成了希腊数学的代表。古希腊文明被毁灭后，阿拉伯人继承了他们的文化，后来又传回欧洲，使数学重新繁荣，并最终实现了近代数学的创立。

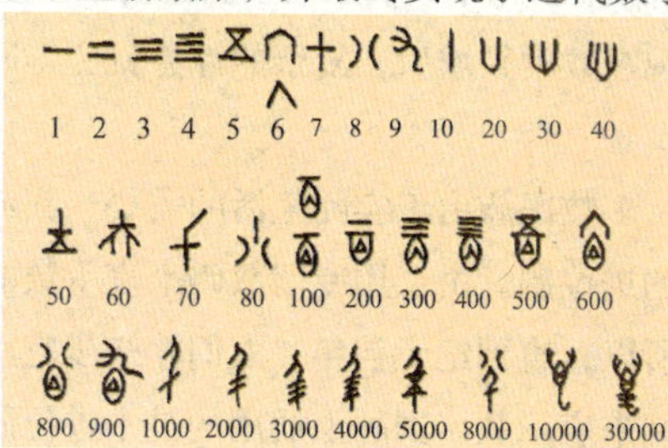

←科学家们从甲骨文中发现了古人已经开始使用数字。

学海拾贝

我国很早就有结绳记事的传说。有的地方用结珠，即将贝壳穿在绳子上记事；有的地方在木棒、泥砖上刻上花纹或插上东西记事，也可以使用划道、画图等方法。有人说，我国汉字中一、二、三、四、五、六、七、八、九、十等数字，就是从划道和木棒记事中演变而来的。

让计算更简单 进位制

现在提到进位制，就连低年级的小学生都不会感到陌生，但在很久以前，古代人却为无法用一个巧妙的途径来表述大的数字而伤透了脑筋。进位制的诞生帮助人们解除了烦恼，有了它，再复杂的计算都变得简单了。

中国古代使用的算筹就是利用十进位制来计算的。

当人们发现可以通过“以一代十”“以一代百”的方式来表达更大的数字时，进位制的思想也就应运而生。原始人为了更明确物体的个数，创造了自然数。由于自然数有无穷多个，如果每一个都用一个独立的名称和记号来表示，那显然是一件费时又费力的事，而且实际操作起来几乎是不可能的。

曾有人做过这样的统计，在莎士比亚的著作中，共用到大约 17 000 个不同的词。要掌握这笔词汇量，即使是对一位英文水平很高的读者而言，也不是件容易的事，他在阅读时，也需要有一本专门的词典来帮助。文字尚且如此复杂，试想一下，无穷的数字如果全部用独立的名称和记号来表达，那在表达数量关系时所出现的困难，几乎无法想象。进位制就是在这样的实际需要下产生的。

一个数过于大时，我们就必须用一种统一的办法来处理它。当不同的进位制逐渐出现在数学领域后，复杂的计算就变得简单多了。

人类文明形成初期，多数民族由于实际生活的需要，都或多或少地创造出了一定的进位制。由于用专门数码来表示数的书写方法产生得很晚，所以，直到纪元初年，人们才初步应用数码，并按一定的进位制来表示数。国际上通用的是十进位制读数与记数方法，即较低数位上的十个单位组成较高位上的一个单位。我国古代人民很早就运用了这种进位制，在我国古代典籍《易经》中表示数量时就曾有“百二十”的记载。

人类发明的进位制中主要有五进位、十进位和二十进位制，但只有十进位制在历史上应用得最为普遍。为什么会出现这种情况呢？一些学者经过研究发现，这是由于人类有十个手指，可以自由伸屈，相当于一个很好的天然计数工具，所以世界上很多不同的民族不谋而合都采用了十进位制。此外，因为十进位制比较简单，容易学，因而也有利于传播，所以在世界范围内应用得也就最广。1789年开始的法国大革命，曾一度摧毁了很多旧的制度，但应用已久的十进位制不仅丝毫没有变动，反而比过去更巩固了，由此可见十进位制的深入人心。

0	1	2	3	4
5	6	7	8	9
10	11	12	13	14
15	16	17	18	19
20	21	22	23	24
25	26	27	28	29

玛雅人使用二十进位制来计数。

除了十进位制等常见的进位制，人类还发明了十二进位制、十六进位制，甚至六十进位制等，而且它们也曾履行过自己的历史使命。据说，瑞典国王查理十二世是一位野心勃勃的君主，他在位期间，曾率领军队企图征服整个北欧，并力图推行十二进制。直到去世前，他还念念不忘在他管辖的区域把十进制改为十二进制。查理十二世为何会如此钟情于十二进位制，到现在人们还不清楚其中的原因。有人猜想，或许是因为与别的数字相比较，12的约数是1、2、3、4、6、12，一共有6个；尤其是10不能用3除尽，而12却能用3除尽。这是12的长处，大概也是吸引这位北欧君主对其执着一生的原因吧。

现代钟表采用的是六十进制。

学海拾贝

电子计算机采用的是二进位制，在电脑的运算程序里，只需用0和1两个数字，就可以把一切自然数表示出来。由于二进制只需要两个数字，人们就把电路的“开”“关”分别表示为0和1这两个数字，然后进行复杂的运算，这就是电子计算机语言的简单原理。

从整体到部分 分数问世

我们在上小学的时候就已经有了这样的概念，1 可以看作是一个整体，如果把 1 分成 10 份，那么其中的一小份就占了 1 的十分之一，这就是分数的意义。由于现实生活中自然数并不能完全解决数的计算问题，分数由此而生。

古时候出现的各种不同的进位制，其目的都是为了要避免分数。自然数，也即正整数，可能是人类历史最早产生的数。整数的计算较为简单，但当生活中遇到的测量、分配和计算等问题不能得到整数结果时，分数的出现就势在必行。

分数是把一个单位分成若干份，用它的一份或几份来表示的。我们在学习整数概念时，往往能很容易就想明白，可是遇到分数计算，很多人就头疼了。用分数来表述数量的多少，本身就是对人的思维方式的一种挑战，它要求人们用一种更为抽象化的思想去思考和解决现实中的问题。所以，如果你这样想，分数曾带给你学习上的烦恼也就烟消云散了。

分数很早就产生了，我国在春秋战国时代就已经有了分数的概念，当时的诸多著作中都有过对分数及其应用案例的记载。春秋战国时代是我国历史上第一次思想大爆发的时代，出现了百家争鸣、百花齐放

↓荷鲁斯之眼

的盛况。再加上那时人们生产活动的范围有所扩大，实践中提出了许多新的数学问题，比如不够一个整体的物体不能用自然数表示数量，又该如何表示的问题。我国古代典籍如《墨子》《管子》和《商君书》等书，其中所记载的有关分数的例子大多是由于分配而引起的。例如《墨子》讲到食盐的分配时就有“二升少半”和“一升大半”的记载；《管子》在讲土地种植的分配时有“十分之二”“十分之四”等份数，这都体现了我国古代劳动人民对分数的认识和实际应用。

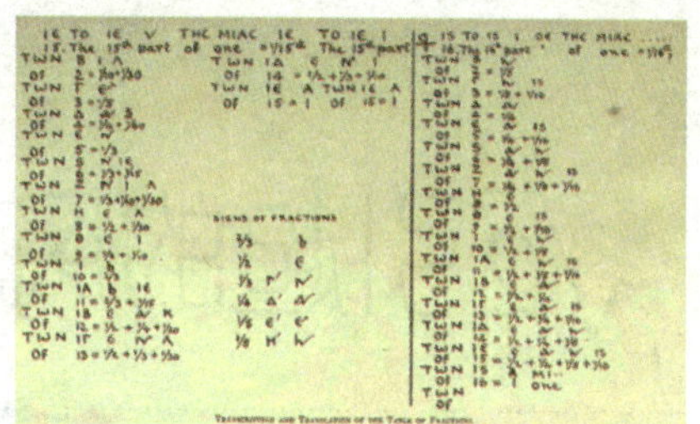

拜占庭人的分数运算表

分数的概念并不只出现在我国，印度人、阿拉伯人也曾有过对分数的记载。公元 7 世纪中期，在印度数学家拉莫克普塔的著作中出现的分数的加、减、乘、除法则，可说是和我国筹算法异曲同工。而阿拉伯人则在印度人的分数记法的基础上，创造了一种全新的表述分数的方法。他们在分子、分母之间添上了一条横线，并且把带分数的整数部分写在分数部分的前面，例如将三又七分之二写成阿拉伯数字形式，即$3\frac{2}{7}$。这种记法大约在 13 世纪初传到意大利，两个多世纪后开始在欧洲各国通行，到现在已经成为世界各国通用的记法。

学会分数计算，是古代人在数学上取得的一项大成果。不过即便这样，分数的计算对当时很多人来说依然是个难题。正因如此，当时的人们才对那些精于分数计算的人产生敬仰，并大力推崇。大约在公元 7 世纪时，当时的俄国亚美尼亚地区著名的数学家阿那尼在他的《算术题课本》一书中给出了 8 个分数相加的习题，人们因此认为他的知识水平是最高的。

到今天，分数的运算对我们来说已经变得非常简单了，但我们或许应当记得，这是此前很多人经过一次次的努力和尝试得出的智慧之果。

学海拾贝

《左传》一书中也曾有过对分数的记载。比如其中提到的诸侯都城大小的问题，有这样的规定：“大都不过三国之一，中五之一，小九之一。”它的意思就是根据当时的制度，诸侯的都城不要过大，最大的不得超过周朝京都的 1/3，中等的不超过 1/5，小的不超过 1/9。

$\sqrt{2}$引起的风波 无理数

在无理数的王国里，$\sqrt{2}$是一个极其普通的小角色。但就在两千多年前，它的出现却掀起了数学史上一次不小的大波澜。它是人类发现的第一个无理数，它的诞生极大动摇了希腊先哲毕达哥拉斯以及他的追随者们推崇的信条。

毕达哥拉斯是古希腊一位著名的思想家、数学家、教育家和哲人，毕达哥拉斯学派的创始人。在现代西方主要语言里，“数学”一词来源于古希腊语 Mathema。在毕达哥拉斯之前，这个词代表的是“可以学到的知识”，但是毕达哥拉斯时代，它被赋予了“数学”的涵义。虽然这仅限于毕达哥拉斯本人及其学派的“自然数的学问”，相当于算术，但毕达哥拉斯及其学派对数学发展的影响却是功不可没。

↓毕达哥拉斯

毕达哥拉斯的数的世界，是一个整数世界，只有自然数，他甚至对 10 以内的数都赋予了某种特殊意义。或许在毕达哥拉斯看来，关于数的一切理念都应该是完美的，包括音乐，甚至宇宙中的星体。在他的整数世界里，宇宙间的各种关系都可以用整数或整数之比来表达，这一观点被毕达哥拉斯学派奉为神明。然而，一个名叫希帕索斯的年轻人却因为自己的鲁莽向这一理念发起挑战，最终死于非命。这一结果的出现并不是偶然的巧合，因为随着社会实践活动的发展，人们的认识水平不可能停留在原有的水平上，所以，毕达哥拉斯的理论受到冲击是必然的。

希帕索斯是毕达哥拉斯的学生，他在研究正方形时，发现对角线的长，既不是整数，也非有理数，不能用整数或整数比来表示，而是一个无限不循环的小数。希帕索斯的这一发现引来了对毕达哥拉斯奉若神明的追随者的极大愤慨。

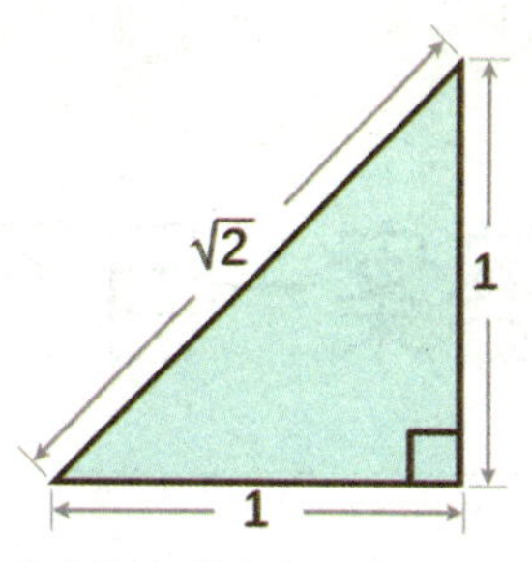

↑根据勾股定理，等腰直角三角形的两个直角边如果是1，那么它的斜边就是一个无理数$\sqrt{2}$。

有一天，众人在乘船游玩时又提到了这个话题。当大家纷纷对毕达哥拉斯的数的理论大加颂扬时，希帕索斯冷静地说：“并不是世界上一切事物都可以用我们现在知道的数来互相表示，就以毕达哥拉斯先生研究最多的直角三角形来说吧，假如是等腰直角三角形，你就没有办法用一个直角边准确地量出斜边来。”

人们顿时惊乍起来，有人不容置疑地争辩道：“你说的不可能，毕达哥拉斯先生的理论就是真理，怎么可能错？”希帕索斯不慌不忙地说：“如果等腰直角三角形的直边是3，它的斜边就是4，再精确点就是4.24，甚至再精确到往后的10位、20位，它依然不能算是最精确的。我计算了很多次，任何等腰直角三角形的斜边，都不能用一个精确的数字表示出来。”

希帕索斯所说的这个数字就是现在$\sqrt{2}$。他的话在人群中引起恐慌，人们回过神后开始了对他的指责与谩骂，有人甚至上前对他动手了。在一阵拥挤推搡中，希帕索斯被这群意气用事、偏激的人们扔下了船。一位年轻的学者就这样无辜地死了，但他的发现却在毕达哥拉斯学派中埋下了根，它促使更多热爱和追求真理的人们继续自己的道路，义无反顾地走下去。

↑圆周率π是一个无理数。

学海拾贝

由无理数引发的数学危机一直延续到19世纪。1872年，德国数学家戴德金从连续性的要求出发，用有理数的“分割”来定义无理数，并把实数理论建立在严格的科学基础上，从而结束了无理数被认为“无理”的时代，也结束了持续两千多年的数学史上的第一次大危机。

答案一目了然 对数与对数表

在世界数学史上，对数与解析几何、微积分并列为数学上的三大发明，它们是历史上最重要的数学方法。人们在学习和研究中经常会遇到各种复杂的数字运算问题，用到各种数表，对数表就是其中应用最广泛的数表之一。

对数是我们在学习了乘方以后遇到的一个新名词。什么是对数？举一个例子，2 的 3 次方等于 8，那么 3 就叫做以 2 为底 8 的对数。如果把具体的数字以特定的字母符号来代替，对数就可以表述成这样："如果 a 的 n 次方等于 b，那么数 n 叫做以 a 为底 b 的对数，记做 $n=\log_a^b$，也可以说 log（a）b=n。"在这里，a 叫做"底数"，b 叫做"真数"，n 叫做"以 a 为底 b 的对数"。当然，在我们有限的初高中的知识范围内，对数的概念里还有这样一个限制性的条件，即"a 大于 0，且 a 不等于 1"。

因为对数的计算比较复杂，为了满足人们日常的生产生活的需要，数学家们制定出了对数表。在没有对数表以前，如果要计算一个复杂点儿的数，会花去很长的时间。而对数表的出现，大大缩短了计算时间。

↓鹦鹉螺壳解剖图是一个美丽的对数螺旋线。

伴随着文艺复兴的浪潮而开启的大航海时代，为欧洲的发展带来了强大的动力，而这一时代背景的出现离不开当时欧洲跨时代的科技革命。欧洲的资本主义逐渐发展起来后，对外扩张的需要向当时的天文、航海、测绘、造船等科技领域提出了很多新要求，而作为基础学科的数学更面临了众多新的课题。当时的天文学家、航海家、测绘学家都曾因负载的运算问题而受到前所未有的困扰。欧洲的数学家们顺应时代的大潮，在欧洲兴起了一股数学造表热，平方表、立方表、平方根表、圆面积表等各种工具用表纷纷诞生。

当如山如海的数学用表袭来时，人们喜不自禁地沉浸在自己的劳动成果中。在表格的海洋里游荡了约半个世纪后，1544 年，数学用表家族迎来新的曙光：德国数学家斯蒂费尔发现等比数列中的两数相乘，其乘积的“二次方”刚好等于等差数列中两对应数字之和；两等比数列中两数相除，其商的“二次方”刚好等于等差数列中两对应数字之差。这个发现当时并未引起轰动，但当斯蒂费尔将这个研究的接力棒传到英国数学家纳皮尔手中后，后者凭借高超的智慧，却成就了数学史上的一段功绩。

从 16 世纪 90 年代开始，纳皮尔专门从事将复杂计算简化的工作，这是他为创立对数迈出的决定性的一步。经过几年的努力，他终于在 1594 年编制出了可供实用的二百多页的 8 位对数表。1614 年，他又发表了《关于奇妙的对数法则的说明》一书，说明了对数的性质和使用法则，还给出了实例。

纳皮尔的对数表问世后，在数学界引起了巨大关注。1617 年他去世后，牛津大学的布里格斯和荷兰数学家德斯克尔继续纳皮尔的事业，补充和完善了纳皮尔的对数表，从而创造出了世界上第一份完整的常用对数表。

约翰·纳皮尔

学海拾贝

纳皮尔曾从事过天文、机械、数学等领域的研究工作，他常因复杂计算而倍感苦恼，这成为他创造对数表的动力之一。对此，他曾说：“我总是尽量使自己的精力和才能来减轻别人繁重而单调的计算，因为这种令人厌烦的计算，往往吓倒了许多学习数学的人。”

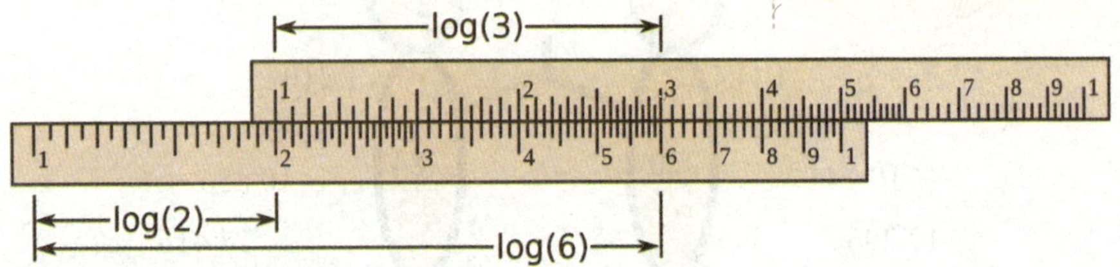

在电子计算器出现以前，对数算尺一直是工程师们的忠实助手。它可以方便地进行乘除、乘方、开方及有关三角函数的运算。

奇妙的关系 亲和数

即便是两个之前从未谋面的人，也可能一见如故而相见恨晚，这就是人与人之间奇妙的关系。两个朋友会因为彼此存在着相似或相互吸引的地方，才走到一起，有趣的是，在数与数之间也有相类似的关系，比如亲和数。

亲和数被认为是数论王国中的一朵奇葩，它有着漫长的发现历史和动人的故事。它们是一对对存在着特殊关系的数。人们经常说“知音难觅”，为了寻找这些藏在无数数字中的亲和数。数学家们想尽了各种办法。那么，亲和数之间到底存在着怎样的奇妙关系呢?

要说到对数字最痴迷的人，古希腊先哲毕达哥拉斯恐怕得是第一人。“万物皆数”是毕达哥拉斯毕生推崇的信仰，在他看来，世界上的万事万物，都可以由数的关系来解释。比如奇数与偶数存在着某种对立的关系，于是他就用前者代表善良，用后者代表邪恶，数字似乎也因此而有了褒贬的色彩。

在毕达哥拉斯的观念里，自然数 1 既是善良的开始也是邪恶的发端，因为善良的数加上 1 就会变成邪恶的数，而邪恶的数加上 1 则会变成善良的数。不仅如此，毕达哥拉斯还发现，

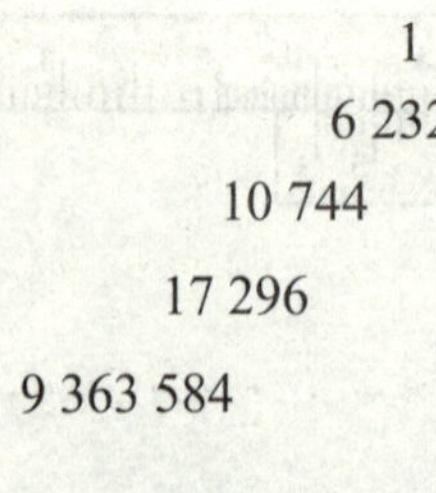
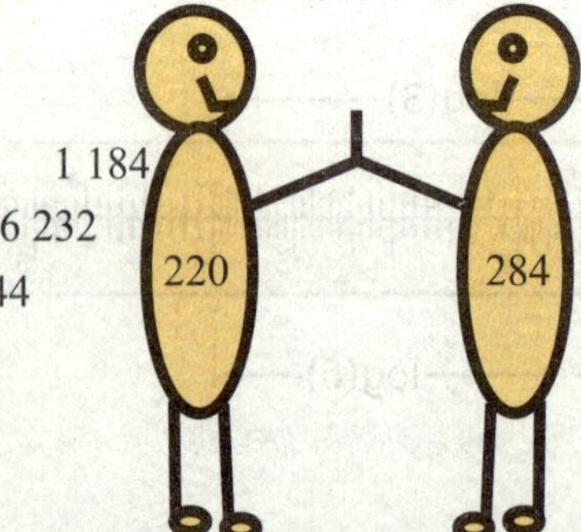

“友好”的亲和数

自然数中，前4个奇数和前4个偶数极为重要，而我们身处的整个宇宙就建立在这8个数的基础之上。虽然毕达哥拉斯对数的极端推崇给自然数抹上了一层神秘色彩，但这同时也体现了他试图对自然数进行归类划分的数学思想。

欧拉

据说，有一天，毕达哥拉斯和他的学生们在一起讨论有关"万物皆数"的一个问题：对万物而言，数有什么作用？学生们在老师的引导下，就这个问题展开了热烈的讨论。一个学生思考了片刻，向毕达哥拉斯问道："我结交朋友的时候，存在着数的作用吗？"毕达哥拉斯回答道："朋友是你灵魂的影子，它们就像数字220和284一样亲密无间。"为什么毕达哥拉斯这样说呢？原来，220和284这两个自然数之间有一种特殊的关系。220的所有真因数1、2、4、5、10、11、20、22、44、55、110，其和是284；而284的所有真因数1、2、4、71、142，其和又恰恰是220。像毕达哥拉斯解释的那样，这两个数字就像人与人那样讲友谊，彼此"相亲相爱"，所以人们把它们称为"亲和数"或"友数""相亲数"。

在自然数中，类似220和284这样的特殊数字，并不是只有这一对，但要找到它们，却不是件容易的事。

在人们发现了第一组亲和数之后，17世纪前叶，法国"业余数学家之王"费尔马找到了第二对亲和数17 296和18 416。两年后，法国"解析几何之父"笛卡儿于1638年3月31日也宣布找到了第三对亲和数9 437 056和9 363 584。一百多年后，著名的数学家欧拉系统地研究了亲和数。他列出了一个有30对亲和数的表，不久又将表中的亲和数扩展到超过60对。欧拉的这一开创性的成果，让当时的数学家们惊喜叫绝，这也成为欧拉这位18世纪最伟大的数学家为人类作出的一大贡献。

学海拾贝

近十年来，美国数学家在耶鲁大学先进的计算机上，对所有1 000 000万以下的数逐一进行了检验，总共找到了42对亲和数，发现100 000万以下的仅有13对，这部分地消除了对欧拉等人列出的亲和数数表的疑虑。但因计算机功能与数学方法的不足，还没有重大突破，人们估计，越往下去，难度越大。

比零小的数 负数

世界上的很多事物和现象中，都存在着某种程度上的对立关系，这是世界的本质特征之一，比如白天与黑夜、阴天与晴天、高与低、多与少等。在数字王国中，也存在着这样的对立关系，比如正数与负数。

正数与负数的关系表现在数轴上，我们能够一目了然。数轴的原点分隔开了正数与负数，原点的左端一直无限延伸，就是无穷小的负数；原点的右端无限扩展，就是无穷大的正数。

与正数大于零相反，负数是小于零的数。为什么会出现负数，这依然和人们的生产生活有着密切关系。早在两千多年以前，我国古代劳动人民就已经了解了正负数的概念，并掌握了正负数的运算法则。那时，人们在生活中经常遇到各种具有相反意义的量，比如做生意的会有盈有亏；在计算粮仓存米的数量时，有进粮食、出粮食之分；在给国库作统计时，会有收入和支出的区别等。为了方便，人们就考虑用具有相反意义的数，即正负数来表述它们，比如把盈余记为“正”，把亏损记为“负”；把收入记为“正”，把支出记为“负”。

↓华氏温度表

我国古代人民不仅很早就掌握了正负数的概念，而且懂得正负数的运算法则。三国时期魏国的数学家刘徽就曾给出了正负数的定义，

而且就如何用算筹——算盘的前身——来区分正负数，还给出了自己的方法。他说：“正算赤，负算黑。否则以邪正为异。”意思是指，用红色的棍（即算筹）摆出的数表示正数，黑色的棍摆出的数表示负数。不仅如此，刘徽还提出了绝对值的概念。他说：“言负者未必负于少，言正者未必正于多。”这句话的意思是说，负数的绝对值不一定小，正数的绝对值不一定大。

纵式

横式

1 2 3 4 5 6 7 8 9

↑古代算筹记数的摆法

认识了正负数和正确运用加减法的运算法则进行计算，这二者之间还存在着一定距离。因为数学本身就是一门工具学科，我们学习和掌握数学的目的就是通过应用来解决实践中的问题。在这一点上，我国古代人民走在了世界前沿。在我国两千年前的数学著作《九章算术》中，就已经记载了正负数加减法的运算法则，其原话这样说道：“正负术曰：同名相除，异名相益，正无人负之，负无人正之；其异名相除，同名相益，正无人正之，负无人负之。”这里“名”就是号，“除”就是减，“相益”“相除”就是两数绝对值相加、相减，“无”就是零。

上面的这段话用我们的现代语言可以解释为：“正负数加减的法则是：同符号两数相减，等于其绝对值相减；异符号两数相减，等于其绝对值相加。零减正数得负数，零减负数得正数。异符号两数相加，等于其绝对值相减；同符号两数相加，等于其绝对值相加。零加正数得正数，零加负数得负数。”这段关于正负数加减法的叙述，体现了我国古代人民高超的智慧。但令人感到疑惑的是，在欧洲的数学史上，人们对负数从认识到接受和肯定却经历了好一番波折。即便到了18世纪，仍然有许多人对负数怀着各种奇怪的念头，就连大数学家欧拉也曾一直深信，负数一定比无穷数还大。这一直是一个颇令人费解的问题。

学海拾贝

过去，人们用不同颜色的数来表示正负数，这一习惯直到今天还保留在某些领域。比如我们经常在新闻里看到或听到“财政赤字”这个说法，所谓赤字实际就是一种用红色来表示支出大于收入的方式。

罕见的沧海一粟 完全数

如果你要细细探究一下数字王国中的神奇奥秘，那真是件乐趣无穷的事。你会发现，在数字的世界里，竟然存在着这么多稀奇古怪却又似乎合情合理的现象，比如完全数。这仅仅是巧合吗？抑或是大自然设下的迷局？

什么是完全数？如果一个数等于除过它自身外的全部因数之和，就叫做完全数。在数字王国里，完全数可是太稀少了，简直堪比动物界里的大熊猫。它们是自然数中最古老、最能吸引人的一类数字。在茫茫的数字海洋里，完全数稀少的程度用沧海一粟来形容恐怕也不过分。你知道吗？在 1 到 40 000 000 这四千万个数字的范围里，已经被发现的完全数也不过寥寥数个。而直到 20 世纪 50 年代初，人们总共发现的完全数则只有十来个。

古印度人和很早以前生活在西亚地区的希伯莱人，是最早知道完全数特性的，而古希腊人则将人们对完全数的认识提升到了一个更高的层次。古希腊数学家们对数字的痴迷闻名遐迩，他们在对数的因数分解中，发现了一些奇妙的性质，如有的数的真因数之和彼此相等，于是诞生了亲和数；而有的真因数之和居然等于自身，这就是完全数。如果你第一次听到完全数这个概念，那你不妨自已亲自算算，从最简单的 1 到 10 这组数字算起，看看里

人们尝试用几何形式来表示完全数。

边有没有神秘的完全数。事实上，在这组数字里的确存在着一个完全数，它就是数字 6。

6 是人们最先认识的完全数，它的真因数 1、2、3 之和等于 6 本身。毕达哥拉斯曾称赞“6 是最完美的数”，因为“它的部分是完整的，并且其和等于自身”，而这则“象征着完满的婚姻，以及健康和美丽。”

↑欧几里得

古希腊数学家欧几里得曾在他的鸿篇巨著《几何原本》中，给出了一个关于完全数的近乎完美的定理，即欧几里得公式：“如果2^n-1是一个素数（即质数），那么自然数$2^{n-1}(2^n-1)$一定是一个完全数。”在欧几里得之后，大约公元 1 世纪时，毕达哥拉斯学派成员，另一位古希腊数学家尼可马修斯在他的数论专著《算术入门》一书中，正确地给出了 6、28、496、8 128 这四个完全数，并且复述了欧几里得寻找完全数的定理及其证明。他还将自然数划分为三类：富裕数、不足数和完全数，其意义分别是小于、大于和等于所有真因数之和。

时间向前继续推进，到了 18 世纪时，仍然是大数学家欧拉，这一次他又从理论上证明出了一个几乎是定理的结论：“每一个偶完全数必定是由欧几里得公式算出的。”虽然这个结论的问世相当于已经给人们寻找完全数提供了指路明灯，但实际中寻找完全数的工作依然非常艰巨。这样的局面在 20 世纪 50 年代前后，随着电子计算机的问世，才得到了巨大改观。20 世纪 50 年代初，数学家凭借计算机的高速运算，一下子发现了 5 个完全数，它们分别对应于“欧几里得公式”中 n=521、607、1 279、2 203、2 281 时的答案。但直到 1985 年左右，借助计算机这样的运算高手人们找到的完全数也只有区区不到 20 个。看来，人们要真正揭开完全数的神秘面纱，还需时日。

学海拾贝

15 世纪中叶，有人偶然在一位无名氏的手稿中，竟发现了完全数 33 550 336。这比起之前找到的第四个完全数 8 128 大了四千多倍。在计算落后的古代，要找到这样大的一个完全数该是怎样困难的啊。所以对这位神秘的无名氏，人们始终怀着深深的敬意。

数学经典之作《九章算术》

《九章算术》是我国古代数学史上一部重要著作，虽然它成书的具体时间和作者都语焉不详，但其作为我国古代数学典籍的代表作之一的地位和影响力却是毋庸置疑的，同时，它也具有重要的史料价值。

《九章算术》是一部问题集合式的数学典籍。它在许多方面，如勾股定理、正负数运算、集合土星的面积与体积计算等方面都曾长期在世界范围内遥遥领先。在中国的历史长河中，《九章算术》更被作为古代的数学教材，将前人的总结的知识和经验一代代传递下来。

现在，人们在对这部数学典籍的定位问题中，普遍认为它是一部从先秦到西汉中期经过众多学者编撰、修改而成的数学著作，在算术、代数、几何领域均具有世界意义的成就。在我国古代的数学发展史上，它一直有着相当重要的地位。我们现在所接触和了解的《九章算术》很可能并不是最初的版本，而是融合了每朝每代不同学者的研究成果和大量评注在一起的综合性著作。在这些学者中，对《九章算术》贡献最大的当属三国时期的数学家刘徽。

↓刘徽

有史料记载，大约在公元 3 世纪时，刘徽就曾提到当时《九章算术》的内容已经被大量改去，删去了一些多余的内容并加入了新的材料。这位对《九章算术》的注解和完善贡献最大的人物，历史上对他的身世和生平事迹的记载却是凤毛麟角。从有限的史料中，人们只知道他生活在公元 3

世纪的魏晋时期。然而，他的数学思想和其所作出的成果，对我国古代数学体系的形成和发展却产生了很大影响。据说，刘徽秉性刚直，不惧权威，在任何情况下都敢于发表自己的见解，敢于修正前人的错误。他在研究数学的过程中，不仅重视理论研究，还很注意理论联系实际。

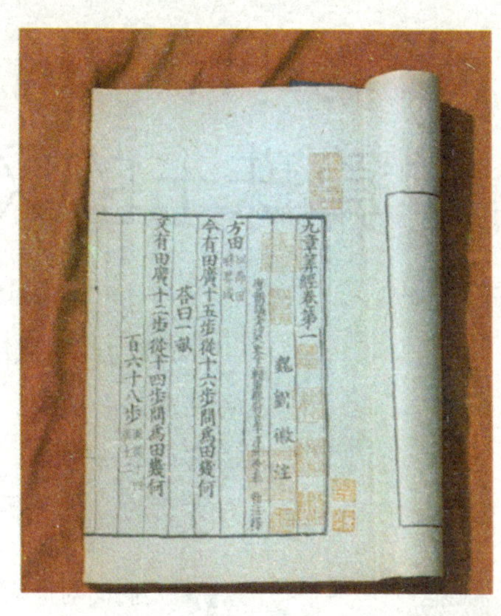

《九章算术》书影

有故事说，刘徽对张衡非常崇拜，曾潜心研读张衡的科学著作。一天傍晚，他在与朋友喝茶聊天的过程中，无意发现了张衡对圆周率和球体积证明中的一个问题。为了找到同样感兴趣的人和自己讨论这个新发现，兴奋不已的刘徽连夜出门，硬是赶了数十里的路到另一位朋友那儿谈论此事。他敢于怀疑权威，向权威挑战的无畏精神和严谨求实的治学态度由此可见一斑。

刘徽不仅穷毕生精力全面、系统地注释了《九章算术》，而且还用自己的研究成果充实了这部著作的内容。他经过多年刻苦钻研，对《九章算术》中一些不完整的公式和定理给出了逻辑证明，对一些不明确的概念给出了确切而又严格的定义，《九章算术》这部宝贵的数学遗产才变得更加完善和严谨。

《九章算术》传到现在，已经不是哪一个作者个人的独立之作，而是融合了众人的心血与智慧。这部书中一共包括了240多个问题，每个问题由陈述、数值答案及解题方法三个部分组成，这里没有理论解释和证明。大部分问题来自于现实生活，例如土地分割、财物分配、大型建筑物的营作等。在算术方面，《九章算术》给出了完整的分数四则运算法则、约分和通分法则，其中求最大公约数的“更相减损法”，与欧几里得的辗转相除法异曲同工。《九章算术》以“今有术”为基本算法，更是成功解决了各种正比例、反比例等问题。

学海拾贝

“徽率”是刘徽在《九章算术·割圆术》中，用割圆术自己得出的圆周率。刘徽不仅用割圆术证明了圆面积的精确计算公式，并给出了计算圆周率的科学方法。他首先从圆内接六边形开始割圆，每次边数倍增，算到3 072边形的面积时，得到π=3 927/1 250=3.141 6，此即“徽率”。

算珠上的风采 算盘

即便到了计算机相当普及的今天，在一些经常与数字打交道的行业里，我国传统的计算工具——算盘，依然有着它的一席之地。面对计算机这样强大的新对手，算盘这种古老的“计算器”依旧活跃，它究竟有什么优势呢？

当人们面对庞大复杂的计算量时，仅仅依靠人力的笔算是很难解决大量实际问题的，于是相应的计算工具应运而生。计算工具能大大提升人的运算速度和精确度，有了它们，再复杂的数学计算问题也难不倒人们了。

人类计算工具的发展也经历了一个从无到有、从简单到复杂的漫长过程。作为象征人类智慧的一种发明创造，它代表了人们对高效、快速、便捷的计算方式的不断追求。在这一点上，我国古代的劳动人民取得了很大成就。早在春秋战国时，我国古代人民就发明了算筹，唐朝时又发明了算盘，直到今天，算盘这一计算工具还被人们广泛地使用。

算盘运用简便，计算迅速，出现以后便很快在我国各地区、各阶层中流传开来。据史料推断，算盘是从最初的算筹、游珠算盘等工具逐渐发展而来的。它的诞生，是我国计算工具的一大发展。那算盘究竟是一人的智慧结晶还是众人的集体创造呢？

算盘

我国古代神话传

说中曾提到，算盘是由一个叫隶首的人发明的，他生活在黄帝时期。据说，黄帝统一华夏各个部落后，百姓们过上了安居乐业的生活。他们整天打鱼狩猎，食物越来越多，算账和管账渐渐成为家家户户常遇到的事情。一开始，人们使用结绳记事、刻木为号的办法。但是随着获得的猎物数量越来越多，结绳记事的办法显然难以完整、准确地记录每一个数量，一时间账目变得混乱起来。

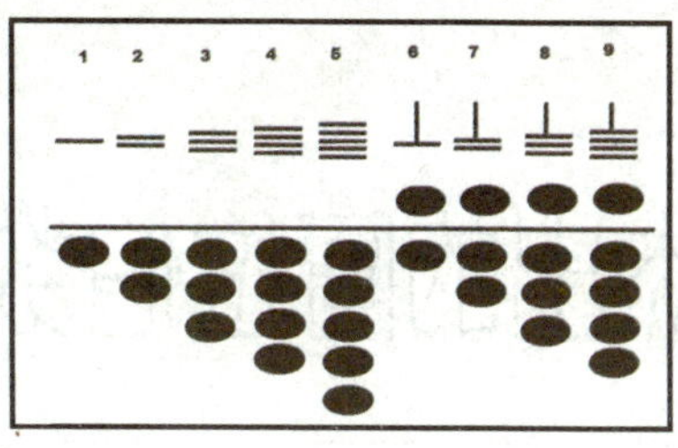

↑算盘是由更为原始简单的算筹演变而来的。

黄帝手下一名叫做隶首的人最早发现了这个现象，于是就动起脑子，想着怎么样来解决这个问题。经过深思熟虑和反复实验，隶首找来一些白色珍珠，给每颗上边打成眼；然后，他把珍珠每 10 颗穿在一起，穿成 100 个珠的“算盘”；最后，他又在上边写清位数，如十位、百位、千位、万位。从此之后，人们再也不觉得记数、算账是件麻烦事了。

学海拾贝

史料记载，明朝初期的算盘，中间的横梁仅仅是一条细木片。明朝中期以后，横梁得以逐渐加宽。到明朝末年的时候，算盘的外形几乎和现在我们所看到的算盘一样了。成书于 15 世纪中叶的《鲁班木经》中，就有关于制造各种规格的算盘的详细记载。

隶首造算盘的故事毕竟是传说，事实上，据汉朝徐岳在《数学记遗》中记载，春秋时我国古代人民就创造出了算盘，据称当时都已经有了“珠算”。这部书中所记载的珠算工具，已经略具现代算盘的雏形。我国唐朝时，为了提高运算速度，便于携带，人们经过长期的摸索，终于想到用一粒粒的算珠来代替一根根的算筹的办法，并用一支竹签把它们穿起来。这样，就能以快速的拨珠代替缓慢的“运筹”了。宋代，这种比较“原始”的算盘已经在实践中得到应用，宋书《算珠集》《走盘集》等都对其有所描述。而宋朝著名的画家张择端所绘的《清明上河图》中，算盘似乎还出现在了药店的柜台上，可见当时它已经很普及了。

↓清明上河图中赵太丞家药铺柜台上疑似摆放着一只算盘。

到了元朝中叶，终于产生了更接近现代算盘的计算工具。元末明初之际，这种算盘更是得到普遍应用。

杰出的阿拉伯数学家 花剌子米

阿尔·花剌子米是阿拉伯帝国时期最著名的数学家之一。阿拉伯帝国的历史上曾先后出现过许多数学家，他们用自己的劳动与智慧为阿拉伯数学的形成与发展作出了重大贡献，将阿拉伯数学推上了古代世界数学的前沿领地。

花剌子米不仅仅是一位数学家，他还是阿拉伯世界伟大的天文学家、地理学家。由于历史上关于花剌子米生平的文字记载极少，所以一般都认为他出生在波斯帝国北部城市花剌子模，即今天乌兹别克斯坦境内，所以就以花剌子米为姓。不过也有说法认为，他出生在巴格达附近的库特鲁伯利。

花剌子米早年在故乡接受教育，后来到中亚继续深造，并到阿富汗、印度等地游历求学。在不断的学习和钻研中，勤奋用功的花剌子米不久便成为远近闻名的科学家。当时的阿拉伯帝国东部地区总督阿拉伯王子麦蒙，对花剌子米的学识有所仰慕，并曾召见过他。公元 813 年前后，麦蒙继承了王位，成为阿拔斯王朝哈里发。此后，在他的盛情邀请下，花剌子米被聘往阿巴斯王朝首都巴格达工作。

↓花剌子米

大约在公

元 830 年，麦蒙在巴格达创办了著名的“智慧馆”，这是继公元前 3 世纪埃及的亚历山大博物馆之后，古代世界最重要的学术机关之一，而花剌子米则被聘任为智慧馆学术工作的主要领导人之一。麦蒙去世后，花剌子米在后继的哈里发统治下继续留在巴格达工作，并曾担任阿拉伯王子的家庭教师，直至去世。

花剌子米生活的时期正是阿拉伯帝国的政治局势日渐安定，经济和文化生活繁荣昌盛的时期。据说，有一次麦蒙召集群臣，声称先祖给自己托梦，说真主要降罪于整个国家。需要用金子做成一种长方形，这种长方形的长与宽都是 3 的倍数，而它的周长数恰好等于它的面积数。只有把所有大小不同的这样的长方形献给真主，才能免去灾祸。

一心只想着讨好和巴结国王，只知道献媚的贪官们纷纷信以为真，于是用从百姓那里搜刮来的钱财，花费重金打造出了一个个的长方形。但这些都和国王要求的不符，于是麦蒙便以他们欺骗真主为由，趁机查抄了那些贪官的家产。最后，花剌子米双手捧着一个盘子，盘子里放着一个金箔做的长方形，走到麦蒙跟前，说：“这就是真主所要的祭品。”麦蒙仔细一看，这个金子做的长方形长 6 尺，宽 3 尺，正好都是 3 的整数倍，而且周长数与面积数都是 18。

麦蒙兴奋地欢呼道：“没错！这正是真主所要的礼品，我们的国家有救了。”三天后，麦蒙下令举行隆重的祭礼，借此来振奋人心。接着，国王又处置了一批贪官污吏，罢黜了无能的将领，选用良才，整顿军队，整个国家又重新焕发活力。

花剌子米的聪明才智在这个传说里可见一斑，而这也成为麦蒙重用他的原因。

花剌子米所著《代数学》里的一页。

学海拾贝

阿尔·花剌子米是阿拉伯帝国时期最著名的数学家之一，他的算术和代数，特别是被译成拉丁文的《还原与对消计算概要》，在 12 世纪~16 世纪曾是欧洲各大学的主要数学教材，而现今代数这一名称就来源于花剌子米的这本书。

让计算更明了 运算符号

我们所熟悉的加、减、乘、除等数学运算符号，同样是经历了很长时间才确定下来的。数学在表达形式上，经历了文字数学和符号数学阶段。直到 16 世纪前后，数学的发展才使得运算符号应运而生。

↑极具抽象性又简洁明了的运算符号

15世纪以前还没有加号、乘号等运算符号。自中世纪以来，随着欧洲商业逐渐发展起来，人们在实践中遇到的数学计算问题也变得越来越复杂。为了简化复杂的运算，人们发明创造了一些固定的、便于认识和记忆的、具有特殊意义的符号，来作为数学运算符号。

符号数学出现在 16 世纪，通行于 18 世纪。在此以前，各国数学家们也都多少注意到数学需要一种新的表述方法，但那时还没有引起人们的足够重视。后来，人们在实践中慢慢形成了一些惯例，比如用某个特定的符号表示一个大家都能看明白的意思，久而久之这就成了符号。

据说，从前卖酒的人，用线条“–”记录酒桶里的酒卖了多少。在把新酒灌入大桶时，就将线条“–”加一竖变成“+”，灌回多少酒就加多少竖道。做生意的商人在装货的箱子上画一个“+”表示超重，画一个“–”表示重量不足。时间长了以后，人们一看到符号“+”就会想到“相加”的意思，而看到“–”，则会联想到“相减”的含义。

我们现在用的“+”和“−”与德国的数学家魏德曼有着很大关系。魏德曼勤奋好学，常常废寝忘食地在计算，时间久了，他就很想引入一种表示加减运算的符号而那时没有现成的运算符号可以使用。有一天，他自言自语地说：“在横线上加上一竖，就可以表示增加的意思，把符号‘+’叫做加号；从加号里去掉一条竖线，就可以表示减少的意思，把符号‘−’就叫做减号。”于是加号和减号就这样诞生了。

魏德曼的这一发现引起了法国数学家韦达的兴趣，他最先开始在自己的研究和著作中使用魏德曼发明的这两个符号。后来，越来越多的人发现了这些简化符号的好处，到 17 世纪前叶，“+”和“−”在计算中就已经很普遍了。了解了“+”和“−”的诞生过程，那么四则运算中的另两位主角“×”和“÷”又是如何产生的呢？

“×”和“÷”符号的使用，距今只有 300 多年。据说，英国人奥特莱德于 1631 年首先在他的著作中使用了“×”这个符号。他发现乘法也有相加的意思，但是又和加法有所不同。后来他尝试着把“+”旋转 45°角，成为斜过来用“×”。当奥特莱德的这种设想成为现实时，乘号“×”便问世了。不过，这个乘号引起德国大数学家莱布尼兹的反对。他认为乘号“×”和拉丁字母“×”很相似，容易引起混淆。所以他很赞成数学家哈里奥特创造的符号“·”表示乘法。这个点乘号，到现在几乎仍被整个欧洲大陆和拉美国家所普遍采用。

阿拉伯人曾用过两个数之间加一条短线的方法表示相除，例如用 2/3 表示“2 除以 3”。而“÷”正式作为除法运算的符号，要归功于瑞士数学家哈纳。哈纳把阿拉伯人表示除法的小短线“/”和数学家奥特雷德的除法记号“:”合二为一，用一条横线“−”把两个圆点从中间分开，产生了表示除法的新记号“÷”，这就是除号。

72
4 + 5 Wilt du das wyſ-
4 — 17 ſen oder deßgley-
3 + 30 chen/So ſum̃ier
4 — 19 die zentner vnd
3 + 44 lb vnnd was auß
3 + 22 — iſt/das iſt mi-
Zentner 3 — 11 lb nus dz ſetz beſon-
3 + 50 der vnnd werden
4 — 16 4539 lb (So
3 + 44 du die zendtner
3 + 29 zů lb gemachett
3 — 12 haſt vnnd das /
3 + 9 + das iſt meer
darzů Addiereſt)vnd 75 minus. Nun
ſolt du für holtz abſchlahen allweeg für
ain legel 24 lb. Vnd das iſt 13 mal 24.
vnd macht 312 lb darzů addier das —
das iſt 75 lb vnd werden 387. Dye ſub-
trahier von 4539. Vnd bleyben 4152
lb. Nun ſprich 100 lb das iſt ein zentner
pro 4 fl $\frac{1}{5}$ wie kum̃en 4152 lb vnd kum̄
171 fl 5 ß 4 heller $\frac{2}{5}$ Vñ iſt recht gmacht

Pfeffer

B

魏德曼在他的印刷稿件中大量使用了“+”和“−”的运算符号。

学海拾贝

等号的出现与英国数学家列科尔德关系密切。1577 年，列科尔德在其论文中首先提出了使用“两条平行而又等长的线段”作为等于的数学符号。17 世纪，数学家莱布尼茨在各种场合下大力倡导使用“=”，等号的身份才逐渐被确认。

送给父亲的礼物 帕斯卡的加法机

16 世纪~17 世纪是欧洲科学技术迅猛发展的一个时期，天文和物理学上的进步为数学的发展带来了动力。1642 年~1644 年，法国年轻的数学家帕斯卡发明了一种加法机，这被认为是世界上最早的计算器。

文艺复兴以后，随着欧洲资本主义的发展，航海、天文、力学中的计算问题日趋复杂，促使人们重视计算工具的研究和改革，以加快计算速度，减轻繁重的工作量，于是一些执着的发明家将目光瞄向了能帮助人们进行复杂计算的计算器，期望能在这一领域作出成绩。当时有不少人都对传统的计算工具进行了改良，但其中最具有意义的就是法国数学家、物理学家帕斯卡发明的加法机,这被认为是世界上第一台机械式计算机。

早在帕斯卡发明加法机以前，另一位法国人什卡尔特也设计了一种计算机。这台机器进行加减法运算时，分别用带有 10 个齿轮与相应的传动装置来进行，乘法要用绕在转轴上的乘法表，除法则化成重复加减，进位则是连接轴上只有一个齿的辅助齿轮。令人惋惜的是，什卡尔特设计的样机模型毁在了一场意外中。

↓帕斯卡

热爱数学的帕斯卡始终有这样一个信念，他坚信如果数学不能用来解决现实中的问题，那就和空想无异，没有任何意义。当时，帕斯卡的父亲在一家税务机关工作。看到父亲整日忙于税务的计算，十分辛苦，帕斯卡萌生了制造一部计算机来帮助父亲减轻繁重劳动的想法。他以算术的各种可能变化，用自己掌握的物理与机械的运动知识，力求寻找出各种规律，将呆板的机械用齿轮连接起来，使它们能够完成有规则的运动，以实现机械计算，提高计算的速度和准确性的目的。

从萌生念头到全心投入实验，帕斯卡用了两年的时间来钻研他所设想的计算器。而将这一个头脑中的想法变成现实，则花了十年的时间。在制造计算器的过程中，帕斯卡曾遇到了许多技术难题。他亲自动手，身兼数职，既是设计师，又是工程师；既是工人，又是采购员。那段时间，在法国鲁昂和首都巴黎的仪器商店中，经常可以见到这个文弱的年轻人跑来跑去，采购大量仪器、仪表和制造材料。他被巨大的创造热情所鼓舞，所有的困难，包括身体的不堪重负都没能让他停下来。为了购买一个零件，帕斯卡跑遍鲁昂乃至全巴黎的大小商店。有时为攻克一道技术难题，他甚至茶饭不思、夜不能寐。

学海拾贝

帕斯卡在制造计算器时，每设计出一种模型，他都会静静地观察好半天，往往是成功的喜悦心情还来不及仔细品味，就又发现了新的问题，产生了新的不满足。这时，帕斯卡总会很有耐心地再思索，找出解决问题的办法，重新设计，再制造，一直反复到满意为止。

大约在 1642 年，帕斯卡设计的加法机问世，这台计算器靠齿轮系统自动进位，能做百位运算。帕斯卡不满足于此，他又试用各种材料，继续改进，力求制作出运算灵敏度更高的模型。到 1652 年前后，帕斯卡已设计制造出了五十多架计算器，但在当时终因造价高昂，每月即使能顶替 10 人的工作，对购买者来说仍不划算，因而，无论在鲁昂还是巴黎，都没能卖出去。

尽管当时帕斯卡的计算器没能得到大范围的推广使用，但在今天看来，它无疑是一项具有跨时代意义的伟大发明。

帕斯卡加法机的顶部和内部机械构造图

元代数学家朱世杰 四元术

宋、元两朝是我国古代数学史上学术研究异常活跃的一段时期。当时的数学研究成果中，成就最为突出的当属代数方面向符号化迈进的尝试，而这一领域最具代表性的科研成果当属天元术与四元术的发明。

天元术与四元术都是用专门记号来表示未知数，从而列方程、解方程的计算方法，它们是代数学的重要进步。

宋、元时期，我国北方出现了以研究天元术为代表的学术群体，而在南方，研究的对象则是各种算法和通俗化的口诀、歌诀的实际应用。元与南宋对峙期间，南北的学术交流几乎完全断绝。元朝统一中国后，南北间的文化交流消除了障碍，变得顺畅，这为科学研究创造了良好的契机。也是在这段时期，涌现出了一批杰出的数学家。

中国古代数学在宋元时期达到了繁荣的顶峰，并出现了以宋元四大数学家为代表的众多出色的学者。宋元四大数学家分别是秦九韶、李治、杨辉和朱世杰，其中朱世杰更被赞为代表中国宋元数学最高水平、集南北数学成就于一体的大家。

《算学启蒙》中的天元术

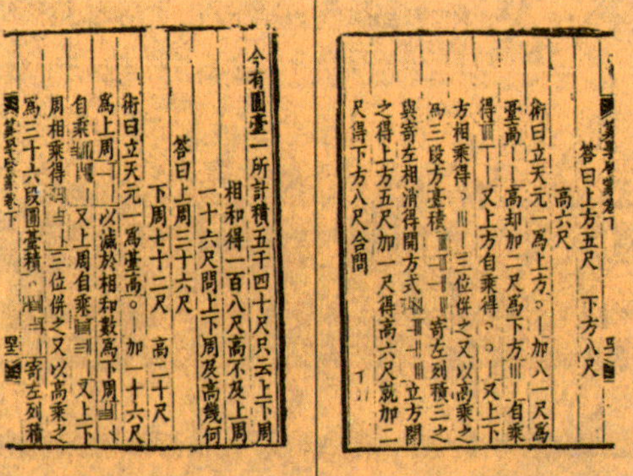
今有圓臺一所計積五千四十尺只云上下周
相和得一百八尺高不及上周
一十六尺問上下周及高幾何
荅曰上周三十六尺
下周七十二尺　高二十尺
術曰立天元一爲臺高。加一十六尺
爲上周　以減於相和數爲下周
自乘　又上周自乘　又上下
周相乘得　三位併之又以高乘之
爲三十六段圓臺積　寄左列積
算學啓蒙卷下

算學啓蒙卷下
荅曰上方五尺　下方八尺
高六尺
術曰立天元一爲上方。加一尺爲
臺高　高却加二尺爲下方　自乘
得　又上方自乘得。　又上下
方相乘得　三位併之又以高乘之
爲三段方臺積　寄左列積三之
與寄左相消得開方式　立方開
之得上方五尺加一尺得高六尺就加二
尺得下方八尺合問

朱世杰（1249—1314），字汉卿，号松庭，汉族，燕山（今北京）人，元代数学家、教育家，毕生从事数学教育，有“中世纪世界最伟大的数学家”之誉。朱世杰在宋元四大数学家里出生最晚，这也使他能得以集南北两地数学精华于一身。由于他酷爱周游四方，从而广泛地接触和学习各地的数学知识，所以能系统全面地研究数学。在游学 20 年后，朱世杰最后在扬州安定下来，并在那里刊印了两部数学著作：《算学启蒙》《四元玉鉴》。《算学启蒙》从简单的四则运算开始，一直讲到当时数学的重要成就——开高次方和天元术，包括了当时数学的方方面面，构成了一个较完备的体系，是一部很好的数学启蒙教材。可惜这部书原版在明末时失传，只能从流传至朝鲜和日本的其他版本中看到书的大致内容。

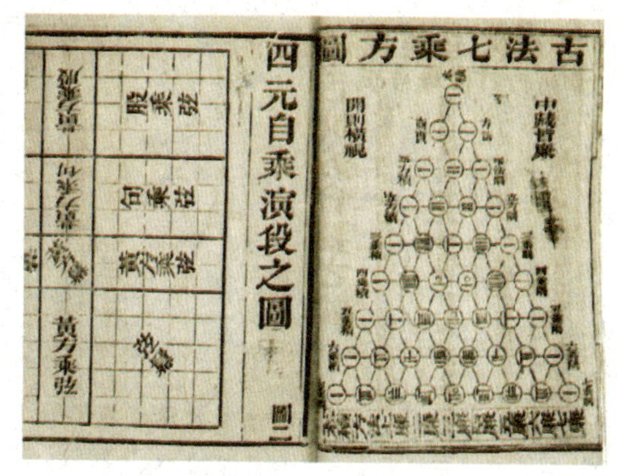

↑《四元玉鉴》书影

朱世杰在当时天元术的基础上发展出四元术，也就是列出四元高次多项式方程，以及消元求解的方法。此外他还创造出“垛积法”，即高阶等差数列的求和方法，与“招差术”，即高次内插法。朱世杰的四元术是在天元术的基础上发展而来的，所谓天元术就是一元高次方程列方程的方法。天元术开头总要有“立天元一为……”之类的话，这相当于现代初等代数中的“设未知数为……”。四元术是多元高次方程列方程和解方程的方法，未知数最多可达四个。与此相对应的，四元术开头总要有“立天元一为……，地元一为……，人元一为……，物元一为……”，即相当于现代的“设 x、y、z、t 分别为……”

《四元玉鉴》是朱世杰阐述多年研究成果的一部力著。创造四元消法，解决多元高次方程组问题是该书的最大贡献，书中另一个重大成就是系统解决高阶等差级数求和问题和高次有限差分问题。朱世杰的这一里程碑式的研究成果不仅使他位列当时世界上一流数学家之列，更成为我国古代数学的一笔宝贵遗产。

学海拾贝

现代数学史研究者都对《四元玉鉴》给予了高度评价。著名科学史专家乔治·萨顿认为《四元玉鉴》是中国数学著作中最重要的一部，同时也是中世纪最杰出的数学著作之一。

兔子和数学的故事 斐波那契数列

斐波那契被誉为“欧洲中世纪最有才华的数学家”。在这位数学家的推动下，阿拉伯人和印度人的一些先进的数学知识传入了欧洲。而斐波那契另一个著名的轶闻就是他所提出的那个，由兔子引发的“斐波那契”数列的故事。

↑斐波那契

斐波那契因为父亲的缘故，幼年时就跟随在阿尔及利亚经商的父亲在当地学习，由此接触到不少当时尚未流传到欧洲的阿拉伯数学知识。长大以后，他继承父亲的事业转而从商，足迹踏遍了埃及、希腊、叙利亚、印度、法国和意大利的西西里岛。

在学习的过程中，这位才华非凡、善于思考的年轻人发现，当时阿拉伯数学要比欧洲大陆发达，因此便决定用自身所学去推动欧洲数学的发展。他利用在其他国家和地区经商的机会，特地搜集当地的算术、代数和几何的资料。回国后，他便将这些资料加以研究和整理，编成《算经》。《算经》一经出版，便在欧洲引起了不小的轰动，也使他成为一个闻名欧洲的数学家。继《算经》之后，他又完成了《几何实习》和《四艺经》两部著作。

在《算经》中，斐波那契介绍了阿拉伯记数法和印度人对整数、分数、平方根、立方根的运算方法。在当时的欧洲，人们虽然多少知道一些阿拉伯记数法和印度算法，但仅仅局限在修道院内，一般的人还只是采用罗马数学记数法而尽量避免用“零”。所以这部著作的出现，在很大程度上改变了当时欧洲的数学面貌，具有重要的变革性意义。

与此同时，《算经》这部书中还记载了大量的代数问题及其解答方法，并对各种解法都进行了严格的证明，被称为“斐波那契数列”的故事原型也出现在这本书里。千百年来，无数数学家通过钻研这个数列，引申出了更多相关的数学概念。而斐波那契数列在自然界中也是屡见不鲜，到底这个神奇的数列有着怎样的神秘之处呢？

那个关于兔子的故事是这样说的：有个人想知道一年之内一对兔子能繁殖多少对，于是就筑了一道围墙把一对兔子关在里面。已知一对兔子每个月可以生一对小兔子，而一对兔子出生后在第二个月就开始生小兔子。假如一年内没有发生死亡现象，那么，一对兔子一年内能繁殖成多少对？

现在，我们只需根据前人找出的规律进行推断，就可以得出下面这样一些数列：

经过月数：0，1，2，3，4，5，6，7，8，9，10，11，12；相对应的兔子对数则为：1，1，2，3，5，8，13，21，34，55，89，144，233。如果观察这些数列，我们不难发现：1，1，2，3，5，8，13，21，……每个数都是前两个数的和，这就是我们所说的“斐波那契数列”的原型。

事实上，在我们的现实生活中，具有“斐波那契”数列特征的现象还有不少呢。比如，雏菊涡形的花蕊，有21条向右转，有34条向左转，而21和34，恰好是斐波那契数列中相邻的两项；再比如松果树和菠萝表面的凸起，它们的排列也分别成5∶8和8∶13这样的比例，也是斐波那契中相邻两项的比。

不过，为什么在自然界会出现和“斐波那契”数列有如此密切联系的现象呢？这个问题，不只是你，也是很多科学家在思考的问题。

学海拾贝

有种叫“尼姆”的游戏，方法是由两个人轮流取一堆粒数不限的沙子。先取的一方可以取任意粒，但不能把沙子全部取走。后取的一方，取数没有限制，但最多不能超过对方所取沙子数的一倍。这样互相轮换，拿到最后一粒沙子的人获胜。据说，若所有沙子的粒数是个斐波那契数的话，那么后取的一方获胜；如果不是，那么先取的一方稳胜。

以斐波那契数为边的正方形拼成的长方形

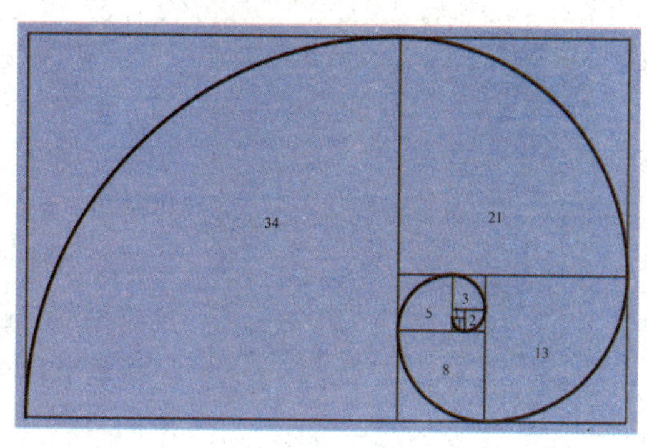

神奇的数字与图形 幻方

由若干排列整齐的数组成的正方形中，图中任意一横行、一纵行及对角线的几个数之和都相等，具有这种性质的图表，称为“幻方”。幻方在我国古代又被称为“河图”“洛书”，或者叫“纵横图”，其中最有名的当属九宫图。

九宫图是幻方中最常见的一种形式，相传早在我国远古时期就已经出现。传说在大禹治水时，陕西的洛水常常大肆泛滥，给河两岸人民带来巨大的灾难。于是每当洪水泛滥的季节来临之前，人们都抬着猪羊去河边祭河神。每一次，等人们摆好祭品，河中就会爬出一只大乌龟来，慢吞吞绕着祭品转一圈。大乌龟走后，河水又照样泛滥起来。

久而久之，人们对这只大乌龟也熟了，还有心细的人从大乌龟的身上发现了一些新名堂。原来，这只乌龟的龟壳有 9 大块，横着数是 3 行，竖着数是 3 列，每一块乌龟壳上都有几个小点点，正好凑成从 1 到 9 的数字。不过，这究竟是表示什么意思大家谁也说不清。有一年，这只大乌龟又爬上岸来，忽然一个看热闹的小孩惊奇地说：“你们看，这些小块不论是横着加，竖着加，还是斜着加，算出来的结果都是 15！”

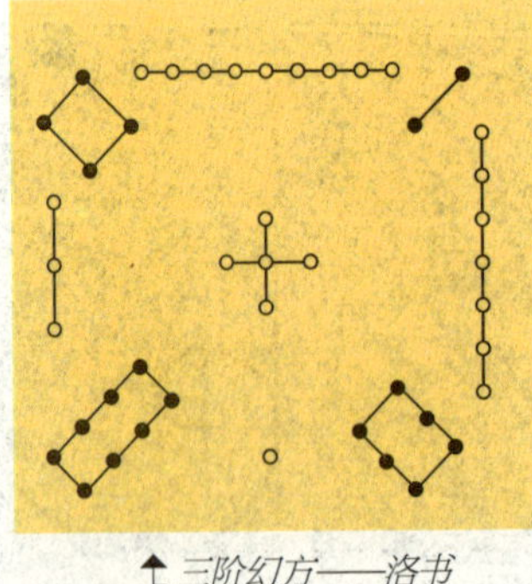

↑三阶幻方——洛书

小孩无意中的发现一下提醒了人们，大家一琢磨，难道河神是想每样祭品都要 15 份吗？这样想着，于是人们七手八脚抬来 15 头猪和 15 头牛献给河神。这一招果然灵，从那以后河水竟然就再也不泛滥了。

这个有趣的传说后来被写进了很多古代数学家的著作中，乌龟壳上的那些方块，后来就被称为“洛书”，这恐怕要算是最早的幻方了。

其实，像“洛书”这样的幻方仅仅是幻方的一种，因为它有 3 行 3 列，所以叫“三阶幻方”，它也是世界上最古老的一个幻方。洛书之后，陆续有一些数学家编制出了行列更多的纵横图。幻方传到欧洲后，也引起了那里人们的极大兴趣，进而又发展出了各种各样的数字排布图，人们把像这样一些具有奇妙性质的图案都归到了“幻方”名下。

因为幻方是一种相当考验人的智慧的图案游戏，所以经常引来很多人的兴趣，其中不乏一些著名的数学家。大数学家欧拉就曾对幻方有着浓厚的兴趣，并且深入地研究过它。

欧拉曾想出了一个由前 64 个自然数组成，每列或每行的和都是 260，而半列或半行的和又都等于 130 的奇妙幻方。最有趣的是，这个幻方的行列数正好与国际象棋棋盘相同，按照马走“日”字的规定，根据这个幻方里数的排列顺序，马就可以不重复地跳遍整个棋盘。所以，这个幻方又叫做“马步幻方”。

幻方的魔力常常引来很多人为它痴迷，有人甚至为它耗费一生心血。曾有个叫亚当斯的英国人，为了找到一种稀奇古怪的幻方，竟毫不吝惜地献出了毕生的精力。当他还是一个小伙子时，就开始整天摆弄前 19 个自然数，试图把它们摆成一个六角幻方。在以后的 47 年里，他一有空就把这 19 个数摆来摆去，然而，始终没有找出一种合适的摆法。1957 年的一天，亚当斯无意中画出了一个六角幻方。不料他竟把画着幻方的小纸条弄丢了，后来又经过 5 年的探索，才重新找到那个丢失了的六角幻方。幻方的魅力由此可见一斑啊。

学海拾贝

历史上，最先把幻方当做数学问题来研究的人，是我国宋朝著名的数学家杨辉。如今，电子计算机的发展给幻方这个古老的数学课题注入了新的血液，使得它在程序设计、图论、人工智能、对策论、组合分析方面都得到了广泛的应用。

欧拉的“马步幻方”

01	48	31	50	33	16	63	18
30	51	46	03	62	19	14	35
47	02	49	32	15	34	17	64
52	29	04	45	20	61	36	13
05	44	25	56	09	40	21	60
28	53	08	41	25	57	12	37
43	06	55	26	39	10	59	22
54	27	42	07	28	23	38	11

第二章 *Di-er Zhang*

抽象的图形

Chouxiang de Tuxing

从一个点，到一条线；从静止的三角形，到能用来描述运动中的无穷变化现象的解析几何，数学实现了从具体的像到抽象的几何图形的质的飞跃。什么是几何？当我们对着课本死记硬背那些教条式的公理或定理时，你是否想过，到底是什么人给我们定下了这么多的条条框框和规矩？我们的祖先怎么能想到用如此美妙神奇而简洁凝练的图形，来向我们揭示世界的奥秘？这，就是几何的魅力。

尼罗河的启发 古埃及的几何学

古埃及人不仅建造出了令世界为之惊叹的金字塔，在数学上同样也有着非凡的造诣。无论是雄伟的金字塔还是高大的神庙，都无不与古埃及人在几何学上的出色的知识水平有关，而这一切则源于他们与尼罗河打交道的经历。

古埃及人将他们丰富的几何学知识，应用在了大型寺庙和陵墓的建筑上。

勤劳智慧的古埃及人凭借着自己的智慧与汗水，创造出了一个个举世瞩目的世界奇迹。而他们更以其丰富高深的几何学知识，创造出了金字塔这样至今仍震撼人心的世界奇观。

说古埃及的几何学是尼罗河的赠礼，这话毫不夸张。正是在测量河水泛滥所损坏的良田的过程中，古埃及人首先学会了使用几何学。后来，希腊人来到这里后，他们又把它传给了古希腊人。

古埃及人用一种名叫莎纸草的东西来记载他们的经验和知识。在古埃及的许多纸草书中，都包含着许多几何学性质的问题，内容大都与土地面积和谷堆体积的计算有关。有的莎纸草中，甚至可以找到计算正方形、矩形、等腰梯形等图形面积的正确公式。古埃及人通过图形变换，化等腰梯形为矩形，得出了等腰梯形面积等于上、下底之和的一半乘以梯形高度的结论。

至今仍巍然屹立在沙漠中的一座座金字塔，是最能体现古埃及人在计算体积方面的高超水平的代表建筑。作为法老坟墓的金字塔，它最初的样子并不是我们现在看到的棱锥体，而和别的坟墓一样是长方体。大约在公元前 2900 年以后，坟墓才改成现在的金字塔模样。

建造金字塔的蓝图很可能是绘制在黏土板上的，然后，人们就按照“图纸”开始了繁复而艰巨的建造过程。他们先把土地弄平，让石匠开始工作。每一块石料都得按照一定的形状雕凿，石块的每一个角都要用石匠的曲尺或三角规来检验，以保证它们都是直角。这些规整的石块可以使建成了的金字塔四边都同样地收拢，最后巧妙地在塔尖汇合。金字塔地基的方正是保证建筑物不会走形的重要一环。

为了保证墙壁的绝对竖直，古埃及人用了一种我们今天仍在使用的工具——铅垂线。这样一来，他们就能得到竖直的墙壁。

在建造为神而设的神庙时，古埃及人在用方砖铺设庙宇地面的过程中，第一次得到了计算面积的方法的线索。而在每年的收获季节里，古埃及的祭司们为他们的各项宗教仪式向农民征收租税。他们有着专门的能量出谷物、酒和油的标准容器，还要有计量其他产品的标准重量。为了根据农田大小来确定租税的多少，祭司们又探索出了计算土地面积的办法。

虽然古埃及的数学水平在很长一段时间里都遥遥领先于当时世界的其他文明地区，但因为浓厚的宗教氛围的影响严重阻碍了科学技术的进步，所以到了公元前 4 世纪前后，它便渐渐落后于同时代的古希腊文明了。

学海拾贝

由于并非所有的田地都是正方形或者长方形的，征税人总会碰到四面都是边边角角的土地。尽管很难把这些地分成方形，但负责征税的古埃及祭司们会将它们分成三角形。这样，只要他们掌握了求三角形面积的办法，就能算出任何直边土地的面积了。

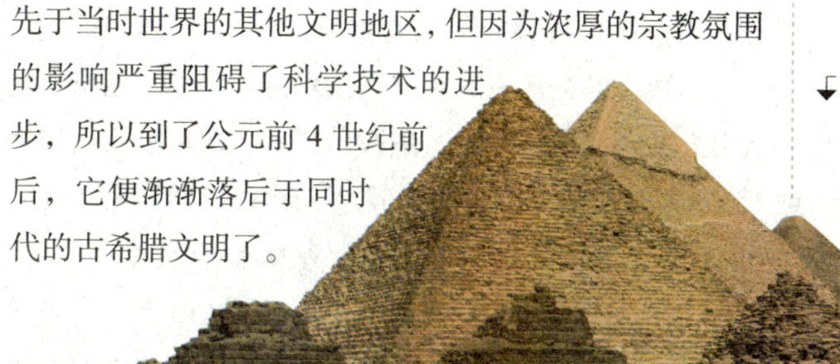

古埃及人运用几何学知识把巨大的石块进行精确切割之后运到工地，再砌成雄伟壮观的金字塔。

实践中的产物 测量工具

古埃及人在尼罗河的泛滥中学会了测量土地，也由此慢慢摸索和总结出了相关的几何学知识。那时的人们常常是借用河边的高地作为标记，来测量各家原有土地的界址的。就这样，测量技术和工具在生产实践中得到了发展。

测量技术源起于人们生产生活的实践活动。测量作为一门学科，在科技界可算得上是古老的学科了。我国古代人民和古埃及人很早就掌握了一些简单的测量技术，并发明了各自的测量工具。随着时间的推移，这些测量工具也在不断地完善、发展，有的直到今天还在继续发挥着自己的作用。

在古埃及，尼罗河每年会定期泛滥一次，河流两岸的土地界址就会被冲刷掉。怎样重新划分地界就成了一个大问题，古埃及人的测量学就这样诞生了。而在中国，应用测量技术也有数千年的历史了，并发明了诸多的便捷好用的测量工具。

大禹治水的故事大家都耳熟能详。大禹在父亲鲧治水失败后，挺身而出，担负起领导治水的重任。他认为要制服水患，就必须因势利导，根据河流的走向宣泄水流。为了规划出一套正确的治水方案，大禹不辞劳苦地跋山涉水，实地勘察山川地势。他三过家门而不入，带领人们疏浚河道、广修渠沟，终于制服了水患。

单单凭借一身力气是很难完成治水这样规模巨大的工程的。所以，史书在记载大禹治水的动人故事时，就有这样

古代测量工具——矩尺，也称曲尺，用来校验刨后木材结构是否垂直的木工工具。

的记载：大禹“左准绳，右规矩”。从这里我们可以看出，大禹在治水时总会随身携带着规、矩这样的测量工具。

↑在古代许多描绘伏羲女娲的作品中，都可看到伏羲执矩，女娲执规的图案。

规和矩是我国古代的测量工具，它们一个用来矫正圆形，一个用来矫正方形。我们经常会听到这样一句话，“没有规矩，不成方圆”，从这句话我们基本上可以判断规和矩的基本用途了。在我国山东嘉祥县一座古代建筑的石室造像中，依稀可见规、矩的模样。在一幅图中有两位古代神话中的人物，一位是伏羲，一位是女娲。女娲手中的物体就是规，呈两脚状，与现在的圆规相似；伏羲手中的物体叫做矩，呈直角拐尺状。事实上，规就是画圆用的圆规，矩就是折成直角的曲尺。矩由长短两把尺合成，短尺叫勾，长尺叫股，可以用来画直线或者作三角。听了这个解释，你大概就明白了“勾股定理”中“勾”和“股”分别指的是什么了吧。

关于规和矩的具体使用方法，早在大约公元前 11 世纪，有位叫商高的古代数学家，就已经给出了详细的解释：“把矩平放在地上，可以定出绳子的铅直；把矩竖立起来，可以测量物体的高度；把矩倒立起来，可以测量物体的深度；把矩平卧在地上，可以测量两地之间的距离。规旋转一周，就形成了一个圆形；两个矩合拢起来，就形成了一个方形。”不仅如此，这位热心的古代数学家还说：“知天文识地理的人是很有学问的，而这种学问就来自勾股测量，勾股测量又依赖于矩的应用。矩与数结合起来，就可以设计和制作天下的万物。”

对古人来说，规和矩虽然简单，但非常实用。即便到了现在，一些绘图和做设计的专业人员还是会经常用到三角板、圆规等工具，要知道它们的祖先可是我们的祖先发明的呢。

学海拾贝

周朝时期，人们发明了一种专门测量日影的尺子，叫做“土圭”。“土”是量度，“圭”是一条尖头的玉器，“土圭”就是量度太阳影子的一把玉尺。相传周公曾在洛邑东南的阳城竖立起圭测量冬至和夏至的日影，以此来确定一年的天数和季节。

特立独行的学者 泰勒斯

泰勒斯是古希腊的一位大数学家，希腊的几何学据说是经由泰勒斯自埃及首先引入的，此后他所在的米利都即成为希腊的数学文化中心。泰勒斯为数学引入了命题证明的思想，它使人们对数学的认识从经验上升到了理论。

泰勒斯被认为是古希腊的第一个著名数学家，他所创立的爱奥尼亚学派被认为是古希腊最早开始研究几何学的团体。公元前 6 世纪上半叶，泰勒斯因为商业活动前往巴比伦和埃及，在那里学到了许多数学知识。回到希腊后，他在家乡米利都创立了爱奥尼亚学派，相传几何学上的证明推理就是由他开创的。

泰勒斯在世时曾受到一位年轻人的拜访，年轻人想要拜他为师，被他婉拒，这个年轻人就是毕达哥拉斯。毕达哥拉斯和他创立的毕达哥拉斯学派后来成为继爱奥尼亚学派之后，推动希腊数学发展的主要力量。在他们的不懈努力中，希腊的数学成就日臻完善。

↓泰勒斯

泰勒斯在数学方面引入的命题证明思想，被认为是数学史上是一次不寻常的飞跃。在数学中引入逻辑证明，不仅保证了命题的正确性，揭示了各定理之间的内在联系，使数学构成一个严密的体系，为进一步发展打下基础；同时更使数学命题具有充分的说服力，令人深信不疑。

除此之外，泰勒斯还曾发现了不少平面几何学的定理，诸如：“直径平分圆周”“三角形两等边对等角”“两条直线相交，对顶角相等”“三角形两角及其夹边已知，此三角形完全确定”“半圆所对的圆周角是直角”等。虽然这些定理都非常简单，而古埃及人、古巴比伦人可能早已认识到这些但并未将其上升为理论的情况下，是泰勒斯把它们整理成为一般性的命题，并以严格的逻辑证明论证了它们的严格性，使得这些定理在日后的实践生产活动中得到广泛应用。

泰勒斯以自己超越时代的科学知识和不断追求真理的精神，被人们誉为“科学之祖”。在科学上，他倡导理性，不满足于直观的感性的特殊认识，崇尚抽象的理性的一般知识。譬如，等腰三角形的两底角相等，应该是指“所有的”等腰三角形。这就需要论证、推理，才能确保数学命题的正确性，为毕达哥拉斯创立理性的数学奠定了基础。

学海拾贝

据说，“如果有两个三角形有一条边以及这条边上的两个角对应相等，那么这两个三角形全等”这个定理也是泰勒斯最先发现并最先证明的，后人常称之为“泰勒斯定理”。相传泰勒斯证明了这个定理后十分高兴，还宰了一头公牛供奉神灵。

关于泰勒斯的逸闻趣事，有个故事流传至今。据说，泰勒斯可以利用一根标杆，测量、推算出金字塔的高度。故事说有一年春天，泰勒斯来到埃及，人们想试探一下他的能力，就问他能否测出金字塔的高度。泰勒斯胸有成竹地说，如果法老在场，他就证明一下自己的能力。第二天，包括法老在内的很多埃及人都来了。泰勒斯走到金字塔前，阳光把他的影子投在地面上。每过一会儿，他就让别人测量他影子的长度，当测量值与他的身高完全吻合时，他立刻将大金字塔在地面的射影处作一记号，然后再丈量金字塔底到射影尖顶的距离。这样，他就报出了金字塔确切的高度。他的聪明才智让大家啧啧惊叹。

虽然这个故事未必是真，但因为这件事发生在公元前，而现在的几何学，还是泰勒斯以后许多年由古希腊数学家欧几里得创立的。从这一点来讲，泰勒斯确实是位了不起的学者。

泰勒斯测量金字塔高度的模拟图

最为熟知的几何定理 勾股定理

直角三角形有一个非常著名的定理，“直角三角形斜边的平方等于两条直角边的平方和”，这条定理就是勾股定理。不过因为古希腊数学家毕达哥拉斯曾发现并完整证明了这条定理，所以很多地方它也被称为“毕达哥拉斯定理”。

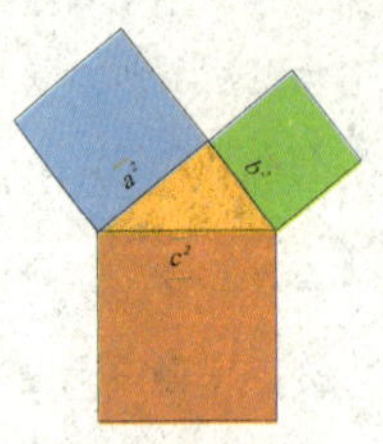

↑毕达哥拉斯用演绎法证明了直角三角形斜边平方等于两直角边平方之和。

勾股定理是数学定理中应用得最广泛的一条定理，而我国古代劳动人民也早在公元前独立发现了直角三角形的这个性质。大约在公元前 1 世纪，我国西汉时期的著作《周髀算经》就曾经记载过这条定理，按我国的习惯，我们称其为“勾股定理。”

毕达哥拉斯在向人们证明勾股定理。→

两千多年来，古今中外很多数学家都曾对这个定理进行论证和研究。仅就证明方法而言，它恐怕是证明方法最多的一个数学定理了。据说，毕达哥拉斯曾预言这个定理在数学中有十分重要的作用，于是在刚刚证明出来后，就立马叫人宰了 100 头牛来庆祝，所以这条定理又有了另一个名字——“百牛定理”。

勾股定理这个名字是怎么来的呢？相传我国古

代把脚叫做“句”（句在当时读音为勾），把腿叫做“股”，因为人站立时脚和腿是相互垂直的，所以把直角三角形的两条直角边分别叫做“句”和“股”。由于腿比脚长，便把较短的直角边叫做“句”，把较长的直角边叫做“股”。如果用绳子把脚和腿（或句和股）连起来，就像弓上的弦一样，因此斜边称为“弦”。

古巴比伦泥板上的勾股数组

古时候，人们经常用标杆和日影进行天文测量，把垂直于地面的标杆看成腿，叫它“股”；把标杆在地面上的日影看成脚，叫它为“句”，因此把直角三角形称为“句股形”。当时“两条直角边的平方和等于斜边的平方”这个定理便叙述成了“句、股的平方和等于弦的平方”。这就形成了句股定理这个名称。句股定理传到了日本等国后，日本把“句、股、弦”改写成了“钩、股、弦”。因为我国古代“句”和“勾”通用，所以我们现在称“句股定理”为“勾股定理”。

无论是我国古代还是古希腊的毕达哥拉斯，都是从一些边长为整数的特殊的直角三角形开始发现勾股定理的。而且最先都是发现直角三角形中若两直角边长为3和4，则斜边长为5。在《周髀算经》的第一编中就谈到了“勾三股四弦五”。人们把具有这个性质的三个正整数叫做“勾股数组”，这些勾股数组是无穷的。

在我们的地球上，从古至今，无论中外，人们都从不同的角度不谋而合地发现了直角三角形中蕴含的这一普遍规律。随着空间技术的发展，有人曾建议把勾股定理的图形，做成光线讯号，传达到其他天体上，带去人类的祝福，以期在语言不通的情况下作为联系的桥梁。虽然这个想法不免天真，但谁又能保证外星人不会明白这样的数学语言呢？

学海拾贝

美国前总统加菲尔德还在担任议员期间，有一次开会过程中灵感迸发，想到了勾股定理的一个新的证明方法，并当即得到两党议员的“一致赞同”。之后，他的这个证明方法还发表在了1876年4月1日波士顿出版的《新英格兰教育日志》上。1881年加菲尔德当选为美国第20届总统，这个证明方法也因此而出了名。

“万物皆数”的信仰 毕达哥拉斯

毕达哥拉斯是古希腊历史上一个响当当的名字，关于他的传奇故事让现在的我们听来都有几分惊诧。这位让人捉摸不透的哲人同时还是一位数学家，并将“万物皆数”的信仰推崇到了极致。

毕达哥拉斯一生几乎未留下著作，却使自己的名字响彻云霄，使自己的事迹流传千古。他被认为是历史上最具影响力却又最难为人理解的数学家之一，同时又是一位诲人不倦的老师。他创立的毕达哥拉斯学派，不分男女，广收学徒。他称自己的数字是世界上最崇高、最神秘的事物，他对数字的推崇达到无以复加的地步。

毕达哥拉斯雕像

毕达哥拉斯的思想曾影响着一代代的学者，以及他们在探索世界真相道路上的步伐，直到今天，这样的影响依然存在。在古希腊早期的数学家中，毕达哥拉斯的影响是最大的。他那传奇般的一生，给后人留下了众多神奇的传说。毕达哥拉斯生于萨摩斯（今希腊东部小岛），早年曾在锡罗斯岛跟费雷西底学习，后来师从伊奥尼亚学派的安纳西曼德。也有人说他曾经在泰勒斯的指导下进行过学习和研究。

相传，毕达哥拉斯曾到过巴比伦、东方的印度；也有人传说，他是阿波罗神的儿子。几乎可以肯定地说，毕达哥拉斯广泛研究过各种文化传统。也许，他正是在埃及游学期间，第一次接触到了星相学和为预言星相而进行计算的数学。

毕达哥拉斯回到家乡后，开始讲学。公元前 520 年左右，为了逃避暴君波利克拉底的统治，他移居西西里岛，最后定居在意大利半岛南端的克罗托内。在那里，他广收门徒，成立了一个宗教、政治、学术合一的团体，其成员都潜心于学术研究，从而形成为毕达哥拉斯学派。这个学派组织极其严密，每个成员都要接受长期的训练和考核，遵守很多清规戒律，宣誓永不泄露学派的秘密和学说。毕达哥拉斯学派在政治上代表奴隶主贵族的利益，因而受到当时兴起的奴隶解放运动的冲击，毕达哥拉斯被迫移居别处，约公元前 500 年被政敌杀害。

↑毕达哥拉斯和他的学生

毕达哥拉斯最早倡导数学上和谐的自然观和科学观，率先在古希腊打破了神秘主义和经验主义的思维传统，实现了自然观和科学观的深刻转变。他还发现了勾股定理，琴弦定理以及奇数、偶数和质数的区别方法。

数学作为一门科学实际上始于毕达哥拉斯，正如公元前 4 世纪的科学家欧德缪斯所说：“毕达哥拉斯创立了数学，并把它变成一门高尚的艺术。”使数学形成一个完整的知识体系，是毕达哥拉斯及其门徒的杰出贡献。基于“万物皆数”的信念，他们首先把抽象的数的观念放到首要地位，并把算术与几何紧密联系起来。他们还提出了区别奇数、偶数、素数的方法，还发现了完全数、亲和数。

毕达哥拉斯曾自称是一个“爱智慧的人”，这个词后来衍生为“哲学家”一词。他一生追求智慧，实践着自己一个哲学家、数学家的理想，但最终却倒在了政治倾轧和别人的妒忌之下。

学海拾贝

毕达哥拉斯有次应邀参加一位富商的餐会，由于大餐迟迟不上桌，令饥肠辘辘的贵宾颇有怨言，而毕达哥拉斯却心无旁骛，对着主人家地上正方形的地砖思考起来。最终，他证明出了“任何直角三角形，其斜边的平方恰好等于另两边平方之和”，即“毕达哥拉斯定理”。

欧几里得的心血《几何原本》

欧几里得是古希腊杰出的数学家，希腊亚历山大派的创始人。他比毕达哥拉斯晚出生大约250年，被称为古希腊的“几何之父”。他留给世人的一部巨著《几何原本》，成为了数学史上永垂不朽的经典。

几何学的诞生和人类的生产实践活动密切相关。原始社会时期，人类在生产和生活中，逐渐积累了许多有关物体的形状、大小和相互之间位置关系的知识。随着时间的推移和人类社会的不断发展，人们对物体形状、大小和相互间位置关系的认识日益丰富，并且把这些对世界的基本认识上升为人类自己的几何学知识。

↓欧几里得

在欧几里得之前，无论是古埃及人、古巴比伦人还是其他古老文明的创造者们，他们对几何的认识还只停留在经验之说的层面，从未想过将其上升为系统的理论性的知识，从而将几何学一代代传播下去。而这个工作，由古希腊一位杰出的数学家完成了，他就是欧几里得。欧几里得是人类科学思想史上的一盏指路明灯，他第一次使数学理论系统化，并使几何学逐渐成为一门独立发展的正式学科体系。数学史上的光辉著作《几何原本》是欧几里得的传世之作。

欧几里得生活在两千多年前，他的生卒年月和出生地现在已经无法考证。据雅典柏拉图学院晚期的导师普罗克洛斯在他的《几何学发展概要》一书中介绍，欧几里得是古埃及托勒密王朝创立者托勒密一世（前367—前282）时代的人，早年求学于雅典的柏拉图学院，深受古希腊史上又一位伟大哲人柏拉图的影响。

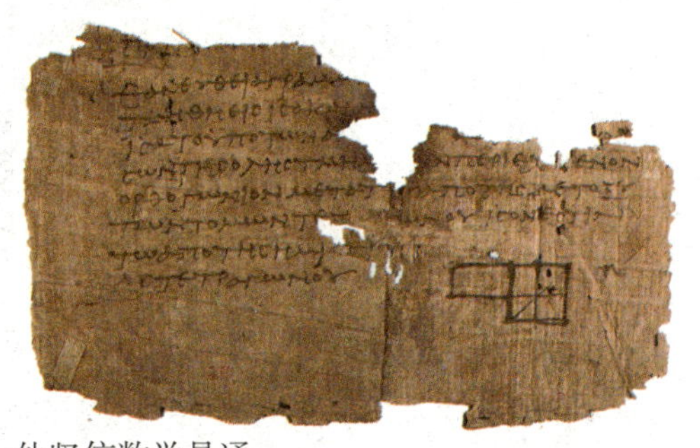

↑早期写在纸草书上的《几何原本》

欧几里得在到柏拉图学院求学时，曾一度被阻于学院大门之外。因为柏拉图认为要学好哲学，必须先学习数学。他坚信数学是通向理念世界的必备工具。据说，当时柏拉图学院门口还挂着一块木牌，上面写着："不懂数学者，不得入内！"但这样的高要求并没有难住欧几里得。在柏拉图学院学习时，欧几里得受到了良好的教育。

应托勒密一世的邀请，欧几里得曾来到埃及都城亚历山大的缪塞昂学院进行研究并讲学。在缪塞昂学院，他曾用最简单的方法，将人们认为似乎不可能做到的事变成了现实。

在欧几里得生活的时代，古希腊的科学文化已经比较发达，由于当时人们的生活和生产条件的发展需要，再加上柏拉图学院的良好学习气氛，几何学已经逐渐发展起来了。但是这些内容大多支离破碎，彼此不相联系，所以在实践中发挥不了太大的作用。后来，欧几里得逐渐认识到了这一点，便萌发出将这些已有的几何知识组织在一个完整的演绎体系中的想法。他首先确定了最基本的几条不证自明的命题作为演绎系统的出发点，然后再从这些最基本的命题出发，用逻辑推理的方法论证以后的命题。这就是亚里士多德的逻辑推理思维。确定公设和公理是欧几里得的独创，也是他对几何学的一个伟大贡献，其中最著名的是平行公设。

《几何原本》为后人提供了一个严密的逻辑理论体系，以此为基础的"欧几里得几何学"，也成为一个全新的研究领域，简称"欧氏几何学"。

学海拾贝

1607年，我国明代杰出的科学家徐光启和意大利传教士利玛窦合译了《几何原本》一书，才将"几何"传入了中国。由于欧几里得对几何学的杰出贡献，以至于他的名字都成了"几何"的代名词，他也成为当之无愧的"几何学之父"。

伟大的科学家 阿基米德

他是那个在浴缸中发现了浮力现象，兴奋地冲上大街的老头；当一个无知而莽撞的士兵将屠刀向他挥去时，他还是那个依然倔强而固执地忙于演算的科学家。不用多问，他就是阿基米德。

阿基米德

阿基米德是古希腊与欧几里得、阿波罗尼并称的三大数学家之一。他是科学界一颗璀璨的巨星，他在诸多领域作出过杰出贡献，被后世尊为“数学之神”“力学之父”“流体力学创始人”等。虽然他早已远去，但阿基米德这个辉煌的名字，却已经深深刻在了世人的心中。

2 200 多年前，阿基米德出生在希腊殖民城市西西里岛的叙拉古，他的父亲菲迪阿斯是位天文学家。父亲严谨的治学态度深深地感染了年幼的阿基米德，据说他从小就善于思考，热爱学习。

11 岁时，阿基米德孤身一人离开家乡，前往埃及托勒密王朝的首都亚历山大里亚。当时的亚历山大里亚位于尼罗河的出海口，是古代世界的学术中心。在这里，埃及的统治者们为学者们提供了优厚的待遇和研究条件，使科学家们能在这里专心从事研究和创造。

在亚历山大里亚期间，阿基米德在欧几里得的学生柯农门下学习，得以有机会系统地了解和学习数学、天文学、物理和哲学方面的知识。在柯农的精心教授下，阿基米德很快便在数学、力学等方面表现出了非凡的才能。几年之后，当阿基米德重归故里时，他已经成为希腊科学领域群星中的一员了。

阿基米德的才华首先在数学领域得到了充分的展示。他在这方面的贡献主要是关于球面积和体积的工作，即发展与加深了前辈欧多克斯发明的穷竭法。他运用穷竭法求出了圆周率π的值，进行了球面积和体积的计算。他还独创了一套记大数的方法。阿基米德同时又是卓越的物理学家，提出了杠杆原理和浮力定律。此外，他还是一位了不起的发明家，主要发明有：螺纹式绞水机、抛石机和滑轮组起重机等。

在阿基米德的著作《论螺线》中，记载了阿基米德本人一些数学方面的发现和理论成果。《论螺线》一书中共有 28 个命题，前 10 个是关于圆及其切线的各种比例关系的；命题 11 是对自然数平方和的不等式的证明。

在这本书中，阿基米德给出了螺线，意即“阿基米德螺线”，也叫“等速螺线”的定义。在后面的内容中，阿基米德研究了螺线的切线，给出作图方法及种种性质，包括对螺线面积的计算方法。

有意思的是，阿基米德在《论螺线》这本书中，还给现在的人们留下一个有趣的疑问。他到底是通过什么途径，找到作螺线给定点处切线方法的呢？有学者认为，他是运用了运动学的原理，利用一条作匀角速运动的射线，一个在射线上作匀速运动的动点，通过确定这两个几何图形的运动速度在平行四边形法则里的合速度方向，来确定切线方向，因为这二者是一致的。

如果这样的推测正确的话，那么阿基米德很可能就是比牛顿和莱布尼茨早了 1 400 多年发现微积分思想的人了。

学海拾贝

阿基米德在生前曾将他自己的《论球与圆柱》视为得意之作，他希望在自己死后，墓碑上能够刻有代表他著作理念的图形。据说，他死后，罗马将军马塞拉斯甚为悲痛，在安葬阿基米德的遗体时，就按照他的意愿将一幅球内切于圆柱的图形刻在了墓碑上。

↓*75 岁的阿基米德在家中被罗马士兵杀害。*

数学的美妙之处 黄金分割

黄金分割是指事物各部分间一定的数学比例关系，即将整体一分为二，较大部分与较小部分之比等于整体与较大部分之比，其比值为 1∶0.618 或 1.618∶1，即长段为全段的 0.618。这个比例被称为“最具有审美意义的比例”。

具有美感的黄金分割，有着严格的比例性、和谐性和艺术性。当人们认识到了它的美妙与神奇之处后，它开始被广泛应用于绘画、建筑、服装设计、舞台布景等诸多不同领域。许多艺术家在创作中都会遵循这个比例来打造自己的作品，试图使自己的作品达到和谐完美的程度。

古希腊数学家毕达哥拉斯被认为是最早发现黄金分割现象的人。传说，有一次，他路过一家铁匠作坊，被里面叮叮当当的打铁声迷住了。好奇的数学家停下了脚步，这清脆悦耳的声音中隐藏着什么秘密呢？他走进作坊，测量了铁锤和铁砧的尺寸，发现它们之间存在着十分和谐的比例关系。回到家里，他又取出一根线，分为两段，反复比较，最后认定 1∶0.618 的比例最为优美。后来，古希腊数学家欧多克索斯第一个系统地研究了这一问题，并建立起比例理论。

↓蒙娜丽莎的脸符合黄金矩形的比例。

再之后，欧几里得在撰写《几何原本》时，又吸收了欧多克索斯的研究成果，进一步系统论述了黄金分割，《几何原本》也成为最早的有关黄金分割的论著。中世纪后，黄金分割被披上神秘的外衣，意大利数学家帕乔利称黄金分割的比例为“神圣比例”，并专门为此著书立说。德国天文学家开普勒则称黄金分割为“神圣分割”。到19世纪，“黄金分割”这一名称才逐渐通行。

由于黄金分割数有许多有趣的性质，人类对它的实际应用也很广泛。美国数学家基弗于1953年首先提出优选学中的黄金分割法或0.618法。20世纪70年代，这个黄金分割优选法在我国开始推广。

最早将这一比例总结为“黄金分割律”的是德国美学家莱辛。“黄金分割律”的意思是：整体与较大部分之比等于较大部分与较小部分之比。如果物体、图形的各部分的关系都符合这种分割律，它就具有严格的比例性，能使人产生最悦目的印象。

在实际的建筑造型上，人们在高塔的黄金分割点处建楼阁或设计平台，能使平直单调的塔身变得丰富多彩；而在摩天大楼的黄金分割处布置腰线或装饰物，则可使整个楼群显得雄伟雅致。古希腊的帕提依神庙严整的大理石柱廊，就是根据黄金分割的原理分割了整个神庙，才使这座神庙成为人们心目中力量、繁荣和美德的最高象征。而当今举世闻名的法国巴黎埃菲尔铁塔，也是根据黄金分割的原理来建造的。

黄金分割律不仅被人类广泛应用在社会活动的各个领域，就连自然界里不起眼的动物和植物也懂得遵循这个定律。据说，一棵小树如果始终保持着幼时增高和长粗的比例，那么最终会因为自己的“细高个子”而倒下。为了能在大自然的风霜雨雪中生存下来，它选择了长高和长粗的最佳比例，即黄金分割。

你知道吗？我们人体自身也和0.618密切相关。对人体解剖很有研究的意大利画家达·芬奇发现，人的肚脐位于身长的0.618处；咽喉位于肚脐与头顶长度的0.618处；肘关节位于肩关节与指头长度的0.618处，人体存在着肚脐、咽喉、膝盖、肘关节四个黄金分割点，它们也是人赖以生存的四处要害。

学海拾贝

许多植物的叶片、枝头或花瓣，也都是按黄金分割分布的。比如很多轮生花瓣的植物会把水平面360°角分为大约222.5°和137.5°两个部分，这两者的比例大约是0.618。也就是说，任意两相邻的叶片、枝头或花瓣都沿着这两个角度伸展。这样一来，尽管它们不断轮生，却互不重叠，确保了光合作用。

古希腊的帕提依神庙就是一个很好的黄金分割的例子。

几何学中的基础 三角学

三角学是主要以平面三角形和球面三角形为研究对象的数学学科。三角学起源于古希腊，为了预报天体运行路线、计算日历、航海等需要，古希腊人开始研究球面三角形的边角关系。

由于人们想建立定量的天文学，以便用来预报天体的运行路线和位置，为修订历法、航海、测量和研究地理现象服务，三角学作为一门新的学科，就这样产生了。因为天文是古希腊数学家最关心的事，而球面三角对此更为有用，所以球面三角学先于平面三角学建立起来。

古希腊人在研究球面三角形边角关系的过程中，逐渐掌握了“球面三角形两边之和大于第三边”“球面三角形内角之和大于两个直角”“等边对等角”等定理。印度人和阿拉伯人对三角学也有研究和推进，但主要是应用在天文学方面。16 世纪前后，欧洲大航海时代的到来，使得三角学的研究开始转入平面三角，以达到航海、地理位置的测量等实际应用的目的。

在古代，人们用三角学知识来研究天体运行的行程问题。

16 世纪时，法国数学家韦达系统地研究了平面三角，并出版了应用于三角形的数学定律的书。此后，平面三角从天文学中分离出来，成了一个独立的分支。现在所研究和学习的平面三角学的内容主要有三角函数、解三角形和三角方程等。

三角学的诞生如果要追根溯源，可以追溯到很早的时期。古埃及人很早便已经有了三角学知识。三角学的知识可以满足测量上的需要，如建筑金字塔，整理尼罗河泛滥后的耕地以及通商航海、观察天文。在古埃及纸草文物中，已经有一些内容涉及棱锥体底上二面角余切等较复杂的三角学问题。而三角学作为一门全新的学科出现，很大程度上要归功于古希腊的希帕索斯、梅内劳斯和托勒密。

↑喜帕恰斯在做推算。

喜帕恰斯（也有译为依巴谷）是三角学的奠基人，有人称其为三角学的创始人。他曾编过约 850 颗恒星的星表，发现岁差，精确确定一年的长短，制订日、月运动表，推算日食、月食，用球面三角原理确定地球的经纬度。他在天体测量学上的业绩与他对三角学的贡献紧密联系在一起。他著有《三角学》12 卷，并做成弦表。但他的许多重要著作已经失传，只有少量研究成果被保存下来。

虽然古希腊人所说的弦数和我们现在讲的三角函数是有区别的，但它们之间仍然有联系。喜帕恰斯把圆周分成 360 等份，把直径分成 120 等份。圆周和直径的每一等份再分成 60 小份，每一小份再继续按照巴比伦人的 60 进制往下分成 60 等份。对于有一定度数的弧，喜帕恰斯给出相应弦的长度。这个弦的长度数值相当于今天我们知道的正弦函数。

另一位古希腊杰出的数学家梅内劳斯将古希腊的三角学推到了顶点。梅内劳斯的主要著作是《球面学》，这部著作在三角学的发展中起了重要作用。而后，天文学家、数学家托勒密继承和发展了喜帕恰斯和梅内劳斯在三角和天文学方面的工作，完成了系统的三角学著作《数学汇编》。约在公元 820 年，《数学汇编》被翻译成阿拉伯语，得到高度的重视。

学海拾贝

16 世纪，奥地利数学家雷蒂库斯制作了三角函数表。雷蒂库斯毕业于德意志的滕贝格大学，还曾师从哥白尼学习天文学，后被聘往莱比锡大学教书。他首次编制出全部 6 种三角函数的数表，包括第一张详尽的正切表和第一张印刷的正割表。

测量地球周长 埃拉托斯特尼

古希腊数学家埃拉托斯特尼和阿基米德是同时代人。埃拉托斯特尼才智超人，在天文、地理、机械、历史和哲学等领域里，都有很精湛的造诣。这位博学多才的数学家用巧妙的办法测出了地球的周长，因此永世留名。

虽然在埃拉托斯特尼之前，也曾有不少人试图测量估算地球周长，但是，因为缺乏理论基础，所以他们的计算结果都不是很精确。

埃拉托斯特尼被认为是当时人才辈出的古希腊一个极为罕见的奇才，人们公认他在当时所有的知识领域都有着非常重要的贡献，但又认为他在任何一个领域里都不是最杰出的，总是排在第二位，于是送他一个外号“贝塔”，意思是第二名。

埃拉托斯特尼与阿基米德是同时代人，两人还是亲密的朋友，经常通信交流研究成果，切磋解题方法。阿基米德曾解决了“沙粒问题”，算出填满宇宙空间至少需要多少粒沙，使人们瞠目结舌。大概是受阿基米德的影响吧，埃拉托斯特尼也给自己提出了一个令人望而生畏的挑战难题：地球有多大？不过，这个总被称为“老二”的奇才，这次成功地将他的天文学与测地学的天赋结合起来，通过认真的研究分析，从而总结出计算地球圆周的科学方法，同时也为自己摘掉了“贝塔”的名号。

↑埃拉托斯特尼

为了确定地球的大小，埃拉托斯特尼想出了一个巧妙的主意：测算地球的周长。埃拉托斯特尼生活在亚历山大城里，在这座城市正南方，另有一座城市叫塞尼。塞尼城中有一个非常有趣的现象，就是每年夏至那天的正中午 12 点，阳光都能直接照射进城中一口枯井的底部。也就是说，每逢夏至那天的正午，太阳就正好悬挂在塞尼城的正上方。

由于亚历山大城与塞尼城几乎处于同一条经线上，但令人费解的是，在同一时刻，亚历山大城却没有这样的景象，并且太阳是处在稍稍偏离天顶的位置。一个夏至日的正午，埃拉托斯特尼在亚历山大城里竖起一根小木棍，动手测量天顶方向与太阳光线之间的夹角，测出这个夹角为 7.2°，等于 360°的 1/50。

我们设想一下埃拉托斯特尼的思路，假设我们画出两条平行直线，一条表示亚历山大城的光线，另一条表示塞尼城的光线，那么通过那根小木棍的直线与这两条直线都相交，与前者的交点在地球的表面，与后者的交点在地球中心。当时的古希腊人已经懂得，一条直线与两条平行线相交，同位角是相等的。因此，埃拉托斯特尼知道亚历山大城、塞尼城与地心这三点形成的角，也一定是 7.2°。

因为塞尼城几乎位于亚历山大的正南方，两地之间的道路差不多就在通过南北两极的一个大圆上，而两地间的长度大约在 772 千米。据此，这个大圆的圆周即地球的周长，就是 772 千米的 50 倍，大约 38 600 千米。这个由埃拉托斯特尼在两千多年前测量得来的数据，与地球的实际周长已经十分接近。

学海拾贝

据说，埃拉托斯特尼性格十分骄傲，在眼睛失明以后，他因为绝食而死在了亚历山大。埃拉托斯特尼是首先使用“地理学”名称的人，写成了三卷地理学专著，书中描述了地球的形状、大小和海陆分布。他还用经纬网绘制了地图，创立了数理地理学。

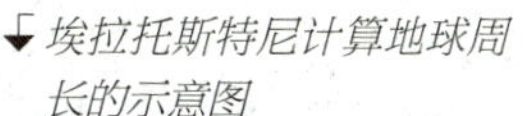

埃拉托斯特尼计算地球周长的示意图

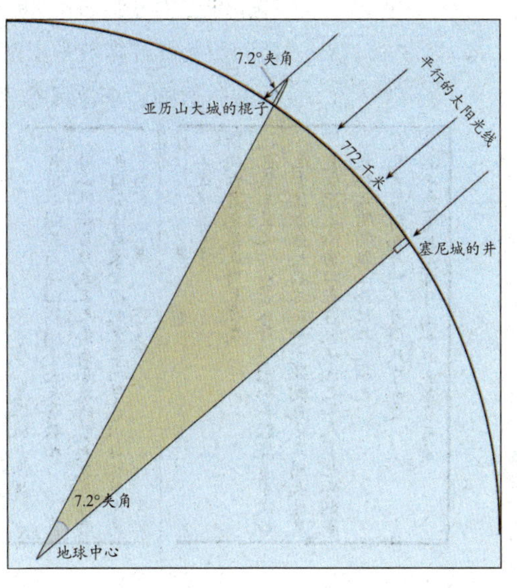

集大成之作《周髀算经》

在我国古代天文和算术是不分的，所以作为天文学著作的《周髀算经》记载了夏商周以来我国古代丰富的数学知识，也就不足为奇。正因如此，《周髀算经》也成为我国数学史上一部重要典籍。

《周髀算经》是中国古代天文学三家学说中“盖天说”的代表。“盖天说”主张“天像盖笠，地法覆盆”。它被认为是我国现存最早的古代数学著作。该书的成书年代约在公元前 1 世纪的西汉时期，但其中涉及的数学、天文知识，却可远溯至公元前 11 世纪的西周年间。《周髀算经》的成就主要在于分数运算、勾股定理及其在天文测量中的应用等。

早在唐朝时，《周髀算经》就已经成为十部算经中的第一部，并作为重要书籍被选为国子监明算科的教科书。我国古代历朝历代的许多数学家都曾为《周髀算经》作注，其中最著名的有赵君卿、李淳风等人所作的注。《周髀算经》还曾传入朝鲜和日本，在那里也有不少翻刻注释本流传于世。

关于勾股定理，《周髀算经》主要是以文字形式叙述了勾股算法。中国数学史上最先完成勾股定理证明的数学家，是三国时期的赵爽，他也是注解《周髀算经》

↓四库全书《周髀算经》书影

欽定四庫全書薈要卷一萬七百四十八 子部

周髀算經卷上

漢 趙君卿 注

周 甄鸞 重述

唐 李淳風 注釋

昔者周公問於商高曰竊聞乎大夫善數也

周公姓姬名旦武王之弟商高周時賢大夫善筭者也周公位居冢宰德則至聖尚卑己以自牧下學而上達況其凡乎

請問古者包犧立周天歷度

包犧三皇之一始畫八卦以商高善數能通乎微妙達乎無方無大不綜無幽不顯聞包犧立周天歷度建章蔀之法易曰古者包犧氏之王天下也仰則觀象於天俯則觀法於地此之謂也

夫天不可階而升地不可得尺寸而度

邈乎懸廣無階可升蕩乎遐遠無度可量

的人之一。他作“勾股圆方图”，其中的“弦图”相当于运用面积额的出入相补证明了勾股定理。

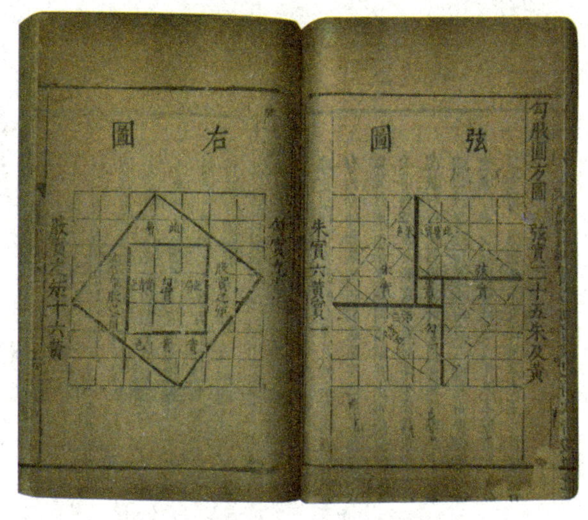

《周髀算经》中关于勾股定理的图解

在算术方面，《周髀算经》已有分数乘除法、公分母的求法以及分数的应用等数学内容。其所记载的内容说明我国的分数四则运算在上古时代就已经相当成熟，而且得到普遍应用，其计算方法也为后代学者广泛采用。

《周髀算经》中还有开平方的问题，等差级数的问题，使用了相当繁复的开平方法和分数算法。书中还讨论了日影的测量，并列出一年各个节气的日影长度表。也研究了从日出日落来观察子午线的办法，以及其他天文学问题。仅据这些事实就可以说明，我国古代在算术上的发展、勾股定理的产生以及应用于测量方面是历史悠久的。所以，《周髀算经》对于我国古代数学理论体系的形成认定有着至关重要的作用。

在这部数学典籍中，还记载了计算太阳到地球之间距离的算法。其具体的求法是：“先在全国各地立一批八尺长的竿子，夏至那天中午，记下各地竿影的长度，得知都城的是一尺六寸；距都城正南方一千里的地方，竿影是一尺五寸；距都城正北一千里则是一尺七寸。因此知道南北每隔一千里竿影长度就相差一寸。又在冬至那天用同样方法测量，得出数据。两次数据相减，再根据勾股定理，计算出太阳到地球的距离是八万里。”因为古人认为大地是平的，因而计算过程中忽略了许多关键因素，所以这个结果和太阳到地球的实际距离相差很大。

学海拾贝

《周髀算经》所记载的复杂的分数计算，比起欧几里得的《几何原本》所记载的分数性质来看，无疑是遥遥领先的。南宋时的传刻本是其目前传世的最早刻本，现藏于上海图书馆。

孜孜不倦的祖冲之 “祖率”诞生

祖冲之生活在南北朝时期。他出生在南朝宋武帝刘裕统治时期，当时的南朝，社会环境相对比较安定，这成为这一时期科学家取得开创性成果的时代背景。祖冲之在很多领域都有建树，但圆周率无疑是他最伟大的成就。

从公元 420 年东晋灭亡至公元 589 年隋朝统一中国，在将近 170 年的时间里，中国历史上出现了又一次分裂时期——南北朝，我国古代著名数学家祖冲之就生活在这一时期的南朝。

提到祖冲之，就必然会提及圆周率。圆周率是一个“极负盛名”的数。从有文献记载开始，这个数就引起了学者们的兴趣。圆周率是用来解决有关圆的计算问题。中国古代许多数学家都致力于圆周率的计算，而祖冲之所取得的成就可以说是圆周率计算的一个跃进。

↓祖冲之

我国古代，也和世界上任何文化开发较早的国家与地区一样，最早被人们使用的圆周率是 3。这一误差很大的数值，在中国一直被沿用到汉朝。进入汉朝以后，对圆周率的改进吸引了不少科学家的注意，例如刘歆、张衡、刘徽等人都对其进行了研究。

三国时期的刘徽曾提出著名的割圆术，并据此得出圆周率的值为 3.14，这个值通常称为“徽率”。虽然刘徽提出割圆术的时间比阿基米德晚一些，但其方法却有着较阿基米德方法更美妙之处。后来，祖冲之对圆周率的值进行了更加精确的计算，把圆周率向前推进了一大步。

祖冲之出生于书香门第。据说，他出生时正值夏初，农历的6月末。他出生当晚，适逢火星冲日的天象奇观出现，所以他的祖父祖昌便给他取名叫“冲之”，冲之的“冲”即取“火星之冲”之意。祖冲之从小就热爱知识、热爱科学，尤其是对天文、数学有着浓厚的兴趣。他年轻时就因勤奋好学、知识面广而获得“博学”的名声。他早年曾在专门研究学术的官署华林学省任职，后来历任徐州从事史、司徒府公府参军、娄县县令、谒者仆射等职。

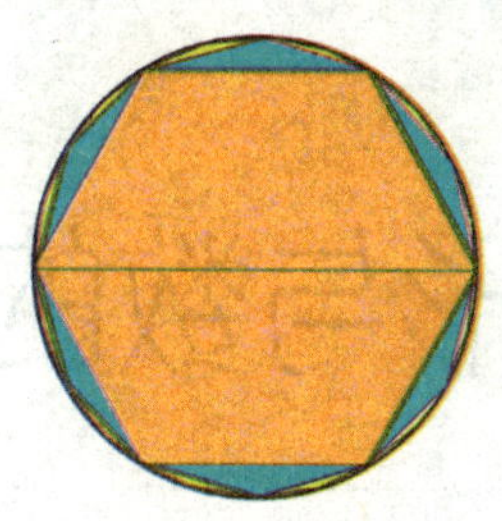

割圆术是将圆分割成多边形，以计算圆周率的一种数学方法。

祖冲之做官后，始终坚持钻研科学技术，并且有许多的发明创造。一开始研究圆周率时，他就仔细研究和总结了前人的方法，并发现利用刘徽的割圆术计算出来的圆周率有着一定的误差，但是这种计算方法却是一种非常好的求圆周率的计算方法。于是他决心按照刘徽开创的道路继续走下去。

当时既没有算盘，也没有其他计算器，只能用算筹摆来摆去进行计算。用这样的算法与计算工具，祖冲之能算出小数后面7位。可想而知，如果没有熟练的技巧和坚强的毅力，祖冲之是无法完成这么繁难而复杂的计算的。经过无数次反反复复的演算和核实，最后，他终于算出当时世界上最精确的圆周率值。当这一工程浩大的计算完成之后，祖冲之在畅快之余，又想到了一个新问题：怎样给这个值以更完美的表示。

由于圆周率是一个永无休止的值，要想精确地表示，就得给它划一个范围，这在数学上被称为“上下限问题”。在我国，祖冲之是第一个使用“上下限”概念的数学家。他用这个方法，给自己的圆周率π的划分范围定为：$3.1415926 < \pi < 3.1415927$，并定$\pi=3.14159265$为“正率”，使圆周率值准确到小数点后7位。这个数值是当时世界上最精确的记录，一直保持了近一千年。

学海拾贝

祖冲之还曾把自己辛苦研究的成果编成了一本书，叫《缀术》。这本书内容非常深奥，可惜现在已经失传。为了纪念祖冲之为人类创造的奇迹，日本数学家三义上夫建议把圆周率近似值3.141 592 7“物归原主”，叫做“祖率”，这个叫法现在已被广泛采纳。

形与数的结合 解析几何

解析几何的诞生，是数学进入现代数学时期的标志之一。它是人类思维从形象化、具体化到抽象化、概念化的一个开创性的进步，恩格斯对此给予了极高的评价，他把解析几何的发明称为数学领域的一个转折点。

恩格斯认为，正是解析几何这一伟大的发明，辩证法和运动进入了数学领域。有了解析几何，原本静止的平面图形变得生动起来，就连我们通常习以为常的一些图形也可以通过解析几何中点与线等元素的运动而表现出来，这不得不说是一个伟大的进步。

东罗马帝国在奥斯曼土耳其帝国的强大攻势下灭亡后，希腊、罗马等地的许多学者携带古希腊手稿来到西欧一些国家，西方又一次接触古希腊文化，引发了遍及西欧各国，史称"文艺复兴"的伟大思想解放运动。"文艺复兴"也是数学科学的复兴，人们继承了从"大翻译运动"所重新得到的古希腊数学，并做了大量的创造性工作，在17世纪冲破了古希腊的演绎框架，使数学思想有了重要的新发展。解析几何就是这一时期的重大成就，它的创造者是笛卡儿和费马，其中笛卡儿是解析几何的主要创建者。

笛卡儿

笛卡儿出生于一个法国贵族家庭，由于从小孱弱多病，养成了在床上读书的习惯，这使得他有更多的时间独自静静地思考各种关于

自然、科学与人的问题。很小的时候，笛卡儿入拉夫雷士的耶稣会学校学习，1612 年去巴黎准备完成学业。当时有一种风气，有志之士，不是致力于宗教，就是献身于军界，所以在 18 岁时他就入伍当兵了。幸运的是，他在军队里仍然有许多时间来思考数学和哲学上的问题。

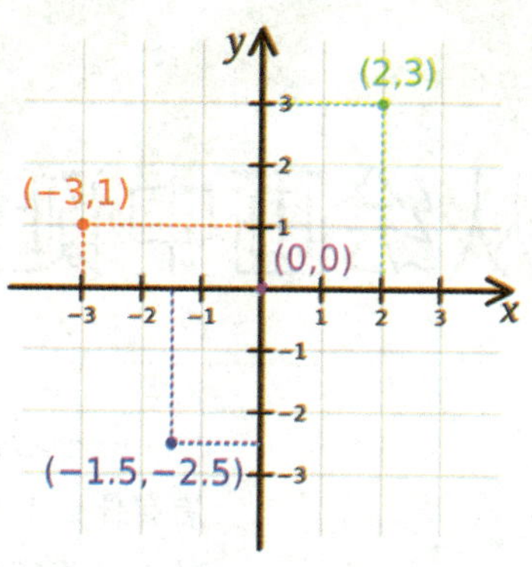

笛卡儿成功地将当时完全分开的代数和几何学联系到了一起，为后来牛顿和莱布尼茨各自提出微积分学提供了基础。

在一次出征途中，笛卡儿在大街上看到了一张几何难题的悬赏启事。启事上说，谁能够解开此题谁就能获得本城最优秀的数学家称号。笛卡儿出于好奇心抄下题目，回到军营，专心致志地研究这道几何难题。经过潜心钻研，两天后，他终于求得了答案，由此使他的数学天才初露锋芒。

退出军界后，笛卡儿与数学家迈多治等朋友来到巴黎，潜心研究数学问题。此后，他又移居资产阶级革命已经成功的荷兰，进行长达 20 年的研究。一天，疲惫不堪的笛卡儿躺在床上，望着天花板思考着数学问题。突然，他眼前一亮，原来，天花板上有一只蜘蛛正忙碌地编织着蛛网。那纵横交错的直线和四周的圆线相交叉一下子启发了他。困扰他多年的“形”和“数”问题终于找到了答案，他兴奋地爬了起来，迫不及待地把灵感描绘出来。

他发现了这样的规律，如果在平面上画出两条交叉的直线，假定这两条直线互成直角，那么就出现四个 90°的直角。在这四个角的任一个点上设个位置，就能建立起这个点的坐标系。这个发现的基本概念简单到近乎一目了然，它建立了平面上的点与坐标（x，y）之间一一的对应关系，进一步构成了平面上点与平面上曲线之间的一一对应关系。坐标系的建立把数学的两大形态——形与数结合了起来。不仅如此，笛卡儿还创造出了用代数方法解几何问题的一门崭新学科——解析几何。

学海拾贝

解析几何的诞生，改变了从古希腊以来，延续两千年的代数与几何分离的趋向，从而推动了数学的巨大发展。它提供了当时科学发展迫切需要的数学工具。例如，要确定船只在海上的位置，就要确定经度和纬度，而解析几何的坐标系能很好地解决这个问题。

从绘画中诞生 射影几何

一个物体与它所在的背景有什么关系，两个不同的背景有什么共同性质，这些问题都属于射影几何的内容。射影几何是研究图形的射影性质，即它们经过射影变换后，依然保持不变的图形性质的几何学分支学科。

射影几何也叫投影几何，主要是用正射影法来研究图示和图解空间几何的各种问题，其次是用轴测射影法来反映物体，使之富有立体感，作为帮助看图的辅助性样图。射影几何的某些内容在公元前就已经发现了，基于绘图学和建筑学的需要，古希腊几何学家就开始研究透视法，也就是投影和截影。

文艺复兴时期，大画家如列奥纳多、达·芬奇和丢勒等人对于如何把自然景观和人物正确地表示在画布上进行了细致的研究，其结果形成透视方法。但是，其中一些理论问题有待于数学家解决，从而促使了射影几何学的产生。射影几何是现代数学中一个重要的分支，其专门研究空间物体在射影变换下的几何性质，因而，天文学、地理学、建筑学、计算机模拟、土木工程、绘画等很多行业都是其广泛应用的领域。

射影几何源自于美术上的透视法原则。

最早开始射影几何研究的是艺术家及建筑师，他们早在古希腊到中世纪欧洲时就对透视法已有研究，到文艺复兴时期，已经形成透视法的数学体系，但真正开创射影几何学的是法国建筑师笛沙格。他在1639年出版的一本书中研究了圆锥曲线的射影性质，并在书中引进了无穷远点和无穷远线。其实，这些概念在画家看来很直观，因为在他们的画布上，经常会出现两排平行的树木越来越靠近，最终消失在画布上一点的类似现象。在当时的人们看来，这一点与被奉为西方几何学经典的欧氏几何是相抵触的。在笛沙格的影响下，帕斯卡后来才真正用射影不变性把许多关于圆的定理推广到圆锥曲线上。

↑影射几何图形极富有立体感和透视感，这使其在绘画创作中也有用武之地。

笛沙格曾提出一个观点：由中心射影可以推出，两条平行线应在无穷远处相交。他将平行线的交点称为“理想点”，并把添进了理想点的欧氏空间（直线或平面）叫做“射影空间”。笛沙格认为，在射影空间里，无论是抛物线、椭圆还是双曲线都能由最简单的圆锥曲线——圆经中心射影得到，因此，只需从圆出发便能了解所有圆锥曲线的性质。这种研究圆锥曲线的独特而巧妙的方法，是笛沙格的创新。他发现的定理“如果两个三角形对应边的交点共线，那么这两个三角形的对应顶点的连线共点”，被认为是射影几何中最漂亮的定理。该定理以他的名字命名。

几乎与笛沙格同时，对射影几何作出重要贡献的是数学天才帕斯卡。1641 年，帕斯卡发现了一条定理：“内接于二次曲线的六边形的三双对边的交点共线。”这条定理叫做“帕斯卡六边形定理”，也是射影几何学中的一条重要定理。1658 年，他写了《圆锥曲线论》一书，书中很多定理都是射影几何方面的内容。

18 世纪末到 19 世纪，射影几何的研究迎来了一个春天，法国的一对师徒蒙日和彭赛列成为射影几何的奠基人。蒙日从实用的观点出发，建立了画法几何学。而他的学生彭赛列则致力于研究图形经过任意中心射影的不变性，提出交比的概念，引进“无穷远”元素，并且作了系统的发展。

学海拾贝

虽然曾有人用画法几何学来称射影几何学，但画法几何考虑的是平行射影。因为蒙日的着眼点是工程画，因而他的画法几何成为建筑师及工程师必学的课程。其后，他还发展出其他的射影方法，包括中心射影法等，这些在 20 世纪的航空测量、卫星摄影等领域起着重大作用。

几何学的革命 非欧几何问世

非欧几何是相对在欧洲数学界占据了两千多年统治地位的欧氏几何学而言的。它的诞生，既是人们对曾经奉若经典的传统数学理念的一次颠覆，同时更是人类在追求科学真理和揭秘世界真相的过程中，所经历的一次艰难抉择。

欧几里得几何的公理系统中有一条“平行公理”，通常称为欧几里得的第五公设。这条公理欧几里得是这样表述的：“如果一条直线与两条直线相交，使得一侧的内角不都是直角，则如果将这两条直线延长，它们在内角不都是直角的直线一侧相交。”这条公理不仅表述得文字啰唆，而且不合乎亚里士多德关于公理“自明性”的要求。人们把这一公理视为欧氏几何公理系统中的白璧微瑕，认为很有必要把它从公理系统中删除，使得欧氏空间殿堂的基石更加精美、纯洁和不可动摇。

欧几里得的几何学体系一直在数学界占据了两千多年的统治地位，直到19世纪，一位位不断探求真理的数学家，勇敢地对欧氏几何提出新的疑问，并锲而不舍地展开了一系列的研究，一门全新的几何学——非欧几何学诞生了。非欧几何的最终创立应该归功于高斯、鲍耶和罗巴切夫斯基。

在非欧几何里，三角形的内角和并不等于180度。如下图：在双曲抛物面上的一个三角形，内角和小于180度。

高斯最早总结出非欧几何的基本思想。1831年，他告诉自己的一个朋友，早在1792年，他就已经知道存在一种逻辑几何的思想，在这种思想中，欧几里得的平行公理不成立。但是，尽管高斯能够构想出非欧几何，但他仍然试图从其他更可信的假设之中推导出平行公理。他还害怕新的几何理论不会被人理解，遭到嘲笑，也从来不敢把他的研究成果公开发表。不仅如此，对于别人寄给他请他评审的有关非欧几何的研究成果，他也从来没有表示过公开的支持。高斯关于非欧几何的思想是他死后从他给朋友的信件和遗稿中发现的。

高斯的朋友鲍耶父子也对非欧几何的发展贡献了一份力量。老鲍耶年轻时和高斯同在哥根廷大学读书，他们成为了要好的朋友。老鲍耶曾试图证明欧几里得的第五公设，当然是以失败告终。他深知其研究的难度。当小鲍耶从事数学研究后，也力图证明第五公设。这当然引起了老鲍耶的注意，对他极力劝阻。但小鲍耶没有听从父亲的劝阻，他写出了一篇极具价值的论文，充实了非欧几何学的内容。

↑高斯

俄罗斯数学家罗巴切夫斯基也早于小鲍耶发表了相似的研究内容，并成为彻底解决第五公设的数学家。1826 年，罗巴切夫斯基在喀山大学先后宣读了自己的两篇研究报告，之后还公开发表了一系列有关非欧几何的论文。

罗巴切夫斯基的理论违背了两千年来的传统思想，动摇了欧氏几何神圣不可侵犯的权威。他的学说一发表，便遭到社会上一系列的嘲弄和攻击。但是，罗巴切夫斯基直到双目失明仍然坚持自己的观点。罗巴切夫斯基所创立的这种新的几何学，简称“罗氏几何”，这也被认为是第一个被提出的非欧几何学。后来，德国的另一位数学家黎曼创立了非欧几何的另一组成部分——黎曼几何。

↑罗巴切夫斯基

学海拾贝

罗巴切夫斯基在对第五公设的证明中取得了两个成果：第一，他用反证法证明出“第五公设不能被证明”；第二，他在新的公理体系中进行的一连串推理，得到了一系列在逻辑上无矛盾的新的定理，并形成了一种新的、和欧式几何一样完善、严密的几何学。

欧拉的智慧 柯尼斯堡七桥问题

1736 年，身在圣彼得堡的欧拉接到了一封来自东普鲁士柯尼斯堡镇的信件。写信的人自称是柯尼斯堡当地的一位小学老师，他想向欧拉请教一个问题，这就是著名的“柯尼斯堡七桥问题”。

在流经柯尼斯堡镇的一条河上，有 7 座桥横跨其上，连接起了河上的两座小岛和两岸。一直以来，柯尼斯堡镇的居民热衷于一个难题：一个散步的人，能否不重复地一次走遍 7 座桥，再回到起点？这个问题就是在数学史上赫赫有名的“柯尼斯堡七桥问题”。柯尼斯堡的当地人和外地来的游客们无不对此问题兴致盎然，大家争相讨论，提出各自的见解。有人认为答案是肯定的，可是很多人亲自去实践了一下，走来走去都无法不重复；有的人说那样的路线根本行不通，可是其中的道理，他们又说不出个所以然来。大家争执不下，最后决定请教圣彼得堡的大数学家欧拉。

欧拉没有去过柯尼斯堡，也就没有可能去亲自测试路线。他知道，如果沿着所有可能的路线都走一次的话，一共要走 5 040 次，就算是一天走一次，也要走 13 年多的时间，实际上，欧拉只用了几天的时间就解决了“柯尼斯堡七桥问题”。

欧拉将柯尼斯堡七桥问题简化为一个网络。

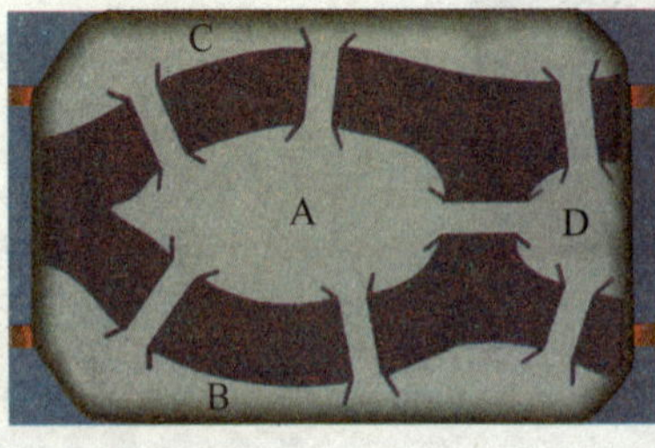

按照位置几何学的方法，欧拉先把被河流隔开的小岛和三块陆地看成为 A、B、C、D 四个点，把每座桥都看成为一条线，这样一来，“柯尼斯堡七桥问题”就抽象为由 4 个点和 7 条线组成的几何图形了，这样的几何图形数学上叫做“网络”。于是，“一个人能

否无重复地一次走遍七座桥，最后回到起点？”就变成为“从四个点中某一个点出发，能否一笔把这个网络画出来？”欧拉把问题又进一步深化，他发现一个网络能不能一笔画出来，关键在于这些点的性质。如果从一点引出来的线是奇数条，就把这个点叫奇点；如果从一点引出来的线是偶数条，就把这个点叫做偶点。

德国于1983年为纪念欧拉逝世200周年发行的邮票。

欧拉发现，只有一个奇点的网络是不存在的，无论哪一个网络，奇点的总数必定为偶数。由于不许重复走，所以来路和去路是不同的两条线。如果起点和终点不是同一个点的话，那么，起点是有去路没有回路，终点是有来路而没有去路。因此，除起点和终点是奇点外，其他中间点都应该是偶点。另外，如果起点和终点是同一个点，这时，网络中所有的点要都是偶点才行。

“柯尼斯堡七桥问题”是一个几何问题，然而它却是一个在以前的几何学里没有研究过的集合问题。在以前的几何学里，不论怎样移动图形，它的大小和形状都是不变的，而欧拉在解决“柯尼斯堡七桥问题”时，把陆地变成了点，把桥梁变成了线，而且线段的长短曲直，交点的准确方位、面积、体积等概念，都变得没有意义了。欧拉对“柯尼斯堡七桥问题”的研究，是拓扑学研究的先声。

欧拉的结论得出后，困扰柯尼斯堡人多年的这个问题终于解决了，大家都非常满意。也就在这一年，欧拉把自己在这个问题的论述写成了一篇文章，在圣彼得堡科学院做了一次学术报告。欧拉在解决“柯尼斯堡七桥问题”时，把陆地变成了点，把桥梁变成了线，这种思想的重要性和巧妙之处就在于，它把一个实际问题抽象成了一个“数学模型”。欧拉由此得出的一笔画结论，被后来的人们称为“欧拉定理”。通过对“柯尼斯堡七桥问题”的研究，一门崭新的学科——拓扑学萌生了。

学海拾贝

几何拓扑学是19世纪形成的一门数学分支，它属于几何学的范畴。在欧拉之后，人们又陆续发现了一些拓扑学定理。但这些知识都很零碎，直到19世纪末，法国数学家庞加莱开始系统地研究拓扑学，才奠定了这门数学分支的基础。

没有答案的答案“无限猴子定理”

什么是概率？买一张彩票，有多大可能会中到头奖；往空中扔一枚硬币，落下来是正面还是反面有多少可能，这些问题都属于概率问题。概率论并不是一个离现实生活远得够不着的数学课题，生活中处处都会发现它的影子。

概率论是研究随机现象数量规律的数学分支。随机现象是相对于决定性现象而言的，后者是指在一定条件下必然发生某一结果的现象，而随机现象则具有很大程度上的不确定性或者说模糊性。

概率论是一门研究事情发生的可能性的学问，但是最初概率论的起源却是与赌博问题有关。17 世纪中叶，当时的法国宫廷贵族里盛行掷骰子游戏，游戏规则是玩家连续掷 4 次骰子，如果其中没有 6 点出现，玩家赢；如果出现一次 6 点，则庄家赢。按照这一游戏规则，从长期来看，庄家扮演赢家的角色，而玩家大部分时间是输家。后来，人们为了使游戏更刺激，就对游戏规则做了些改变，玩家这回用 2 个骰子连续掷 24 次，不同时出现 2 个 6 点，玩家赢；否则庄家赢。起初，人们都以为即便改变了游戏规则，结果可能也一样，长期来看，仍然会是庄家赢，因为他们总要以此营生的。但结果却出人意料，这一回庄家处于输家的状态。人们大惑不解，于是请教当时的数学家帕斯卡。帕斯卡解决了这个问题，这件事由此直接推动了概率论的产生。

↓埃米尔·博雷尔

另一个关于概率论的著名的例子，大家可能也听过。法国数学家埃米尔·博雷尔在自己出版的一本书

中，曾提出了一个非常有趣的思想实验：如果有一只猴子坐在打字机边，随机按打字机上的字母键，只要给它足够长的时间，它可以打出一部莎士比亚的名作《哈姆雷特》。这个例子是如此出名，以至于直到100年后的今天，仍然到处可以听到。因为它把复杂无趣的概率论和我们的日常生活联系在了一起，把深邃的思想和趣味联系在一起。这个定理也被人们称为“无限猴子定理”。

在博雷尔想到这个问题前，另外一位数学家也提出了一个观点：对于任何事件来说，如果它不能发生，那么无论历经多长时间，它也不会发生；如果它能发生，那么在无限长的时间里，它就一定会发生。像这种事情发生可能性不是零就是一的定律，称为“零一律”。

事实上，在真实的世界里，这个有趣的现象是很难出现的，因为要让一只猴子在打字机边打出一部《哈姆雷特》，它需要的时间可能比宇宙的年龄还要长得多。从我们对人类寿命的了解程度来看，没有人能活着看到由一只猴子打出的传世名著，根据“零一律”，这个事件发生的可能性几乎是零。

不过，关于“无限猴子定理”还有一个有趣的变形。这是说如果有无限多只猴子一起按打字机上的字母按键，它们一瞬间就会敲出人类所有的名著，也可能会出现新的“猴子名著”。但是即使会发生这样的事情，我们要看到这样的情况的可能性也是零。

“无限猴子定理”向我们揭示了一个更加广阔的思想世界，它向我们揭示了美好的事物的出现虽然困难，但是只要我们尽力减小阻碍它出现的因素，它出现的可能性就会大大增加。

学海拾贝

概率从来不给我们绝对的答案，但它依旧是我们理解这个世界最有力的工具之一。比如在微观世界里，因为充满了随机发生的事件，而这些事件只能由概率计算的方式来解决，所以现代概率论成为量子力学的基础。

一只猴子打字无限次可以打出任何文章，而无限只猴子同时打字则能即时产生所有可能的文章。

探索复杂的世界 分形几何

我们身处的这个客观世界中很多事物都具有相似的"层次"结构。如果适当地放大或缩小它们的几何尺寸，整个结构并不改变。分形几何就向我们提供了一种描述这种不规则复杂现象中的秩序和结构的新方法。

在自然界中，一棵枫树的枝干，显示了自然形成的分形几何现象。

世界上有着不少复杂的物理现象，要想深入去了解它们背后隐藏的真相，分形几何学是帮助我们找到答案的途径之一。

在自然界中，许多物体的形状和现象十分复杂：大至崎岖的山岳地带，纵横交错的江河湖流，蜿蜒曲折的海岸线，夜空繁星的分布，奇形怪状的积云；小至如尘粉的飘移，分子与原子的无规则运动的轨迹等，这些物体的形状与现象，其复杂程度令人手足无措。以直线、平面、圆、球体等元素为研究对象的欧式几何认为这些都是无定形的东西，或者因为毫无办法对它们作出合乎逻辑的解释，而把它们抛在一边不加理会了。但是，罗德尔布罗特在 20 世纪 70 年代开创的分形几何却为科学地阐述这类复杂问题提供了全新的概念与方法。

一位名叫理查森的英国科学家曾提出一个关于"海岸线有多长"的问题。为了研究海岸线，他查阅了西班牙、葡萄牙、比利时、荷兰的百科全书，惊异地发现这些国家各自测量的共同的国境海岸线的长度的记录竟相差 20%。于是，理查森在 1961 年提出了“英国的海岸线究竟有多长”的问题。

罗德尔布罗特

后来，罗德尔布罗特对这个问题作出了分析。他指出：“事实上，任何海岸线在某种意义上都是无穷长，从另一种意义上说，答案取决于你所用的尺子的长度。如果用 1 千米的尺子沿海岸测量，小于 1 千米的那些弯弯曲曲就会被忽略掉。若用 1 米的尺子，会得出较长的海岸线，因为它会捕捉到一些曲折的细部。反之，若用一种在卫星上观察的方法，一定会得出较短的海岸线长度。”

曾有人提出，不断增加的岸线长度最后会收敛于一个特定的最后数值，即海岸线的真正长度。不过，这个答案存在的前提是，我们得假设海岸线是一种欧几里得图形，例如圆、直线。如果是那样的话，这样一个海岸线的真正长度才是可能的。虽然由小线段不断地取更小的段可以真正地收敛于圆周或线段的长度，但事实上，随着测量尺度的变小，测出的海岸线长度也会随之无限增大，因为小湾内有小湾，小半岛之外有小小半岛，这样的话，我们就得一直测量计算到原子的尺寸才能达到终点，而那里的尺度则更是无限地复杂。

那么，欧式几何与分形几何究竟有什么关系呢？比较二者，我们能够看到：欧氏几何是建立在公理之上的逻辑体系，其研究的是在旋转、平移、对称变换下各种不变的量，如角度、长度、面积、体积，其适用范围主要是人造的物体。而分形几何的历史只有二十来年，它由递归、迭代生成，主要适用于自然界中形态复杂的物体。分形几何不再以分离的眼光看待分形中的点、线、面，而是把它看成一个整体。

学海拾贝

自然界里的现象复杂多变，当有的事物没有特征尺度时，我们就必须同时考虑从小到大的许许多多尺度，这叫做“无标度性”的问题。如物理学中的湍流，小至房间里的轻烟，大至大气中的涡流，都是十分紊乱的流体运动。要研究这些物理现象，就需要用分形几何学。

第三章 *Di-san Zhang*

古人的智慧

Guren de Zhihui

所有的文明都不是凭空诞生的，那是人类经历了无数的失败、尝试和努力，日积月累、年复一年留下的最宝贵的遗产，是祖先给我们的最珍贵的财富。人类如何会有这样的智慧，想到将一代代人总结的经验凝练为知识，并借助于纸张、笔墨而传给后代，或者是通过印刷出版将其广为传播？大概只有人类才能认识到知识有多么重要，所以珍惜你现在的学习机会，因为知识来之不易。

纸草上的数学 古埃及人的智慧

缓缓流淌的尼罗河不仅向古埃及人提供了广阔的良田沃土，同时也给了古埃及人不断的启发。智慧的古埃及人从尼罗河的泛滥中总结出了丰富的几何知识，也在日积月累的生产活动中总结出了令人惊叹的代数知识。

古埃及人除掌握了高超的几何知识外，还在代数上颇有研究。从考古学家发掘的大量文物中，都可以看出古埃及人在实际生活中所运用的代数知识。古埃及人没有发明造纸术，但他们把文字写在石头上、木片上、兽皮和麻布上，最多的是写在纸草上。

纸草是一种像芦苇的水生植物，在尼罗河三角洲长着很多这样的纸草植物。古埃及人把纸草的茎逐层撕成薄片，把薄片一张张粘接起来，做成可以写字的纸。在距今三千六百多年前，古埃及一名叫阿赫摩斯的文书官用一张纸草抄写了一份包括约90个问题和解法的数学文献，这份文献一直保存下来。到了1858年，英国考古学家兰德在埃及的一个古董市场上发现了它，后人就称这张纸草为“兰德纸草”。兰德纸草上的数学问题有些是相当复杂的算术和几何问题，它们大都和实际联系起来。例如谈到各种酒类所含的酒精浓度，饲养牲畜的问题，谷物储藏的问题，还有许多求面积和体积的方法。

兰德纸草被认为可能是现存的最古老的数学书。

此后不久，考古学家又发现了另外一个比兰德纸草还早 200 年的纸草，上面有 25 个数学问题。这份纸草现收藏于莫斯科，因此被称为“莫斯科纸草”。

在古埃及遗留下来的这些数学题里，其中记载着这样一个故事：一个老人在弥留之际，把自己的全部财产——11 头骆驼，分给自己的三个儿子，大儿子做的活最多，因此分给他二分之一的骆驼；二儿子次之，分给他四分之一的骆驼；小儿子则获得六分之一的骆驼。三个儿子怎么算，也不知道该怎么分这些骆驼。这时他的邻居把自己的一头骆驼借给他们，于是老大得到 6 头骆驼，老二得到 3 头骆驼，老三得到 2 头骆驼，最后剩下的一头骆驼还给了邻居。虽然草纸上没有详细说明古埃及人是如何得到答案的，却也揭示了古埃及人具有较高的代数运算技巧。

莫斯科纸草也叫戈列雪尼夫纸草书，它是 19 世纪末由俄国一位名叫戈列雪尼夫的贵族在埃及购得的，后来收藏于莫斯科一家博物馆。

在兰德纸草中，曾用象形文字写出一列数 7、49、343、2 401、16 807，并与之对应一列词：图画、猫、老鼠、大麦、容器，最后给出和数为 19 607。实际上，这是公比为 7 的等比数列。对此，有的数学史家解释为：“有 7 个人，每人有 7 只猫，每只猫能吃 7 只老鼠，而每只老鼠吃 7 穗大麦，每穗大麦种植后可以长出 7 容器大麦。从这个题目中，可以写出怎样的一列数，它们的和是多少？”这种题目就涉及到求数列和的问题。

虽然古埃及人的代数知识在一定程度上比他们的几何学知识要逊色一些，但作为古代人类的文明成果之一，古埃及人的贡献却是不容忽视。

学海拾贝

埃及很早就用十进记数法，但却不知道位值制，每一个较高的单位是用特殊的符号来表示的。例如 111，象形文字写成三个不同的字符，而不是将 1 重复三次。

矛盾无处不在 数学中的悖论

数学是一门立论严谨的知识体系，它的立论基础一般是建立在一些颠扑不破的公理上。如果公理不严谨，或有漏洞，那么将导致建立在其上的数学体系出现矛盾，结果就导致数学体系中出现悖论。

悖论并非现代人所创，早在2500年前，古希腊哲学家芝诺就提出了数学悖论。数学史上所记载的形形色色的悖论中，芝诺悖论是最早的，它对西方的数学思想乃至哲学思想的发展都有着一定的影响。

芝诺悖论中最出名的一个悖论就是“阿喀琉斯追不上乌龟”。

芝诺

这个悖论的大致意思是阿喀琉斯与乌龟赛跑，假设他在追赶跑在他前面的乌龟，当阿喀琉斯跑到乌龟原先所在的地点时，不论乌龟跑得多么慢，在这段时间里，它总是前进的。接着，阿喀琉斯第二次跑到乌龟原来所在的地点，与此同时，乌龟无论如何又前进了一段。以此类推，当阿喀琉斯再次跑到乌龟先前所在的地点时，乌龟总还是又前进了一段。照这样看来，阿喀琉斯永远也追不上乌龟。因为在阿喀琉斯和乌龟之间存在无数个点，如果阿喀琉斯要陆续到达这些点，那就要经历无数的时间，因此出现了阿喀琉斯追不上乌龟的现象。

这个悖论是针对当时数学家认为线段无限可分观点的。在传统数学体系里，认为一条线段是由无数个点组成的，比如一根 10 米长的绳子，在数学家看来，可以分成 1/2，也可以分成 1/4，或者 1/8，这样可以无限分下去，“阿喀琉斯追不上乌龟”悖论就是针对这一点而言的。

芝诺的“阿喀琉斯与乌龟赛跑悖论”演示图

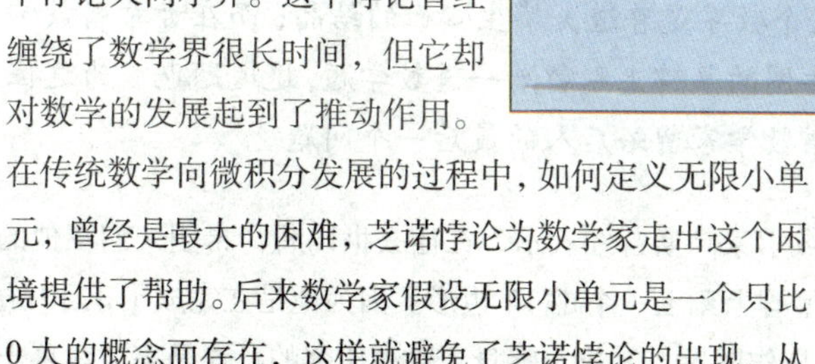

芝诺提出的其他悖论，和这个悖论大同小异。这个悖论曾经缠绕了数学界很长时间，但它却对数学的发展起到了推动作用。在传统数学向微积分发展的过程中，如何定义无限小单元，曾经是最大的困难，芝诺悖论为数学家走出这个困境提供了帮助。后来数学家假设无限小单元是一个只比 0 大的概念而存在，这样就避免了芝诺悖论的出现，从而为微积分的发展扫除了恼人的障碍。

悖论的出现往往是因为人们对某些概念的理解认识不够深刻、不够正确所致。它的成因极为复杂且深刻，对这些成因的深入研究有助于数学、逻辑学、语义学等理论学科的发展，因此具有重要意义。悖论所涉及的学科领域很多，而数学悖论则是指数学领域中既有数学规范中发生的无法解决的认识矛盾，这种认识矛盾可以在新的数学规范中得到解决。数学的几何图形中，往往有一些非常有趣，但仔细看又非常复杂的悖论图形，让人找不到最终的答案。问题是，这最终的答案有吗？或者，这答案本身也是一个悖论。

在近代数学发展史中，著名的悖论有伽利略悖论、贝克莱悖论、康德的二律背反、集合论悖论等。在现代，则有光速悖论、双生子佯谬、整体性悖论等。这些悖论从逻辑上看来都是一些思维矛盾，从认识论上看则是客观矛盾在思维上的反映。悖论到底是我们的思维走进了死胡同还是大自然在给我们出难题呢？

学海拾贝

人们对悖论的研究历史悠久，但直到 20 世纪初，人们才真正开始专门研究悖论的本质。在此之前，悖论带给人们的只是惊恐与不安。此后，人们才逐渐认识到悖论也有其积极作用。特别是 20 世纪后期，出现了研究悖论的热潮。

执着不悔 墓碑上的数学题

在数学家鲁道夫的墓碑上，镌刻着圆周率π的35位数值，这个数字是鲁道夫毕生心血的结晶；而在古希腊数学家丢番图的墓碑上则留着一道数学题，这道题也成为这位古希腊数学家留给后人的最后一个问题。

大数学家高斯曾经表示，在他去世以后，希望人们在他的墓碑上刻上一个正17边形。因为他是在完成了正17边形的尺规作图后，才决定献身于数学研究的。这是高斯对墓志铭的要求。

丢番图是第一个将符号引入代数的数学家。你知道他的年龄是怎么算出来的吗？

墓志铭本是旧时的一种文体，叙述死者的姓名、职位和事迹，刻在石头上，埋在墓中，或立在墓前，以供后人瞻仰。世界上曾有一个最为奇特的墓志铭，它别具一格，令人深思，这个墓志铭的主人就是古希腊数学家丢番图。

丢番图的墓碑上刻着一道谜语般的数学题，上面写着：过路人，这里埋着丢番图的骨灰。下面的数目可以告诉你，他的一生有多长。他生命的1/6少不更事，再活了寿命的1/12，脸上长起了细细的胡须。丢番图结了婚，可是还不曾有孩子，这样又度过了一生的1/7。再过了5年，他的儿子出生了，感到很幸福。然而，命运给这孩子在世的生命只有父亲的一半。自从儿子死后，这老头在悲痛中活了4年，也结束了尘世的生涯。

每一个来到墓前凭吊这位大学者的后人，在

追忆墓主人的生前事的同时，大概也都无可避免地看一看这道乍眼的数学题，即便你是一个对数学不怎么感兴趣的人。喜欢数学的人，则会追着寻找答案，非得亲自算一算，这位墓主人究竟活了多大年纪。我们无法不佩服丢番图的良苦用心，或者这也仅是大数学家留给后人的一个风趣的遗言。如果有好奇的人想知道丢番图的年纪，就得解一个一元一次方程，而这又正好提醒前来瞻仰的人们，不要忘记了丢番图献身的事业。

DIOPHANTI
ALEXANDRINI
ARITHMETICORVM
LIBRI SEX,
ET DE NVMERIS MVLTANGVLIS
LIBER VNVS.
Nunc primum Graecè et Latinè editi, atque absolutissimis Commentariis illustrati.
AVCTORE CLAVDIO GASPARE BACHETO MEZIRIACO SEBVSIANO, V.C.
LVTETIAE PARISIORVM,
Sumptibus SEBASTIANI CRAMOISY, via Iacobaea, sub Ciconiis.
M. DC. XXI.
CVM PRIVILEGIO REGIS.

↑1621 出版的丢番图的《算术》书影

丢番图是古希腊第一个大代数学家。在他之前，古希腊数学家习惯用几何的观点看待遇到的所有数学问题。而丢番图则不然，他喜欢用代数的方法来解决问题。现代解方程的基本步骤，如移项、合并同类项、方程两边乘以同一因子等，丢番图都已经知道了。他尤其擅长解答不定方程，发明了许多巧妙的方法，被西方数学家誉为这门数学分支的开山鼻祖。

丢番图也是古希腊最后一位大数学家。遗憾的是，关于他的生平，后人几乎一无所知，既不知道他生于何地，也不如道他卒于何时。幸亏有了这段奇特的墓志铭，我们才得以知道他曾享有 84 岁的高龄。

丢番图的主要著作是《算术》，全书共分 13 卷，至今仍有 3 卷没有找到。《算术》摒弃了古希腊几何传统，用纯分析的途径处理了数论与代数问题，可以说是希腊算术和代数成就的最高标志。它讨论了一次方程、二次方程以及个别的三次方程，特别以不定方程的求解而著称。所谓“不定方程”是指未知数个数多于方程个数的代数方程。这类问题在丢番图之前已经有人研究过，但丢番图是第一个对不定方程进行广泛、深入研究的数学家，以至于现在我们常把求解整系数不定方程的整数解的问题称为“丢番图问题”或“丢番图分析”。

学海拾贝

由于丢番图的思想远远超出了同时代人的理解力而不为同时代人所接受，所以没有对当时数学的发展产生太大的影响。直到 15 世纪《算术》被重新发掘，它又鼓舞了一大批数学家在此基础之上把代数学大大向前推进。

大数学家秦九韶《数书九章》

秦九韶（1202—1261）是我国南宋时期著名的数学家。在战乱不断的南宋末期，秦九韶依旧致力于搜集整理算学知识，并把这些集中成册，变成《数书九章》一书。

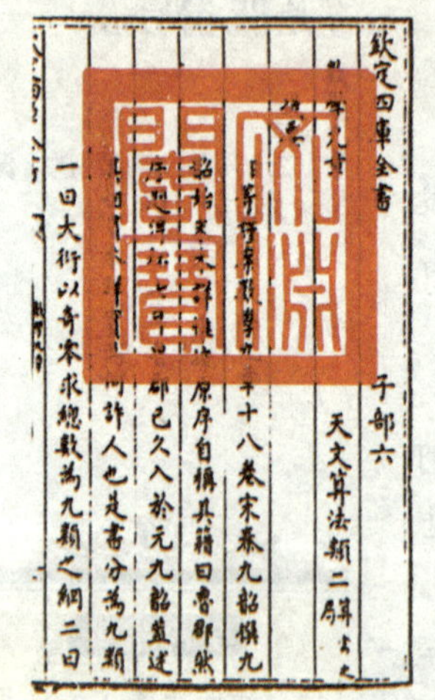

欽定四庫全書

子部六

天文算法類二

十八卷宋秦九韶撰九

原序自稱其籍曰魯郡然

部已久入於元九韶蓋述

時人也是書分為九類

一曰大衍以奇零求總數為九類之綱二曰

钦定《四库全书》中的《数书九章》

秦九韶的数学成就基本表现在他写的《数书九章》之中。然而，这本书在当时并没有引起大的影响，稍后的杨辉、朱世杰都没有引征过秦九韶的成果。《数书九章》的主要内容偏重于数学的应用方面，全书 81 道题目都是结合当时的实际需要提出的问题。

在我国古代，与实际生产相结合的算术有着很高的发展程度。以历法为例，在古代农业社会里，制定合适的历法是一件非常重要的事情，它关乎一年中农业生产的秩序。如果历法设置合理，可以使人们在合适的时间播种，这样就能使农作物获得合适的雨水和气温，正常生长，使农业获得丰收。反之，如果制定的历法与自然环境的变化周期有差池，就会造成农业歉收或更糟糕的灾难性后果。

由于日月星辰的运行周期对农业生产有着重要影响，在以农耕文明为主的古代社会里，对日月星辰运行活动的观测就成为一件上至天子群臣，下至黎民百姓都极为关注的大事。古代人把依据日月星辰的周期运动时序称为“大衍”，《数书九章》的开篇，就是“大衍”计算。在古代，人们用日和月表示时间，今天我们知道日和月的变化并不和地球围绕太阳运转的周期完全相合，它们之间总是存在一些差别。如何找到这些差别，在缺乏高等数学工具的情况下，是一个非常棘手的问题，这经常涉及到“物不知数”的问题。

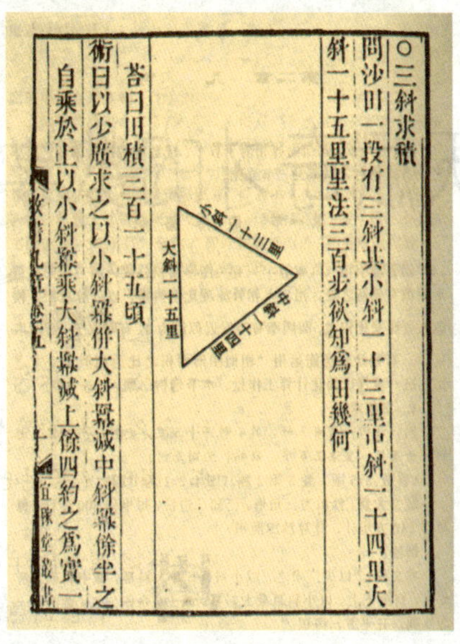
○三斜求積
問沙田一段有三斜其小斜一十三里中斜一十四里大
斜一十五里里法三百步欲知爲田幾何

荅曰田積三百一十五頃
術曰以少廣求之以小斜冪并大斜冪減中斜冪餘半之
自乘於上以小斜冪乘大斜冪減上餘四約之爲實一
數書九章卷五 宜稼堂叢書

《数书九章》中的三斜求积图解

在《数书九章》中，最令秦九韶出名的是他提出了“大衍求一术”。秦九韶在接触到“物不知数”的问题后，就致力于解决这个问题，为此他独创了“大衍求一术”。这种方法允许人们方便地计算一组数目比较大的不定方程的整数解。比如在《数书九章》的一道例题中，秦九韶用“大衍求一术”很方便地进行了日月运转周期中特定时间点的推算，这意味着要把包括夏至、冬至、朔（农历每月初一）、望（农历每月十五）、晦（农历每月最后一天）等天时数据放在一起，计算出它们相交时的周期间隔，实际上就是精确计算一月和一年的天数。

在此之前，天文学家就知道一年时间略多于 365 天，并以此为调节历法的依据，但是由此制定的历法仍旧不稳定。秦九韶的方法可以弥补这个差距，然而，在当时兵荒马乱的时代背景下，这个非常有价值的思想差点儿消失在历史中。除了“大衍求一术”，秦九韶还总结了前人在开方和求高次幂方面积累的知识，并使之更系统化，为后来数学家的演算提供了很大的便利。而在欧洲，直到 19 世纪前后，高斯等人才发展出和秦九韶的“大衍求一术”类似的算法。

除此之外，秦九韶创造的余数计算术也在欧洲受到了高度评价。外国数学家们很快发现了秦九韶提出的一次同余式组计算方法的价值，并称这种算法为“中国剩余定理”。一位数学史学者更高度赞扬说：“秦九韶不仅是他那个民族、那个时代，也是所有时代中最伟大的数学家之一。”

学海拾贝

秦九韶不仅发展了古代算术，而且也记录了当时中国人与农业相关方面的科学活动。在《数书九章》中，就有着各地官员需要“在露天地里放置天池盆，以记录一年之中本地的降雨量”这样的文字记录，不过今天，这些记录数据已经找不到了。

天赋奇才的数学家 塔塔利亚

在现在的一元三次方程的求解运算中，还经常会用到一个公式，称为“卡丹塔塔利亚公式”。这是16世纪意大利著名的数学家塔塔利亚所创立的。塔塔利亚原名叫丰坦那，因为说话结巴，于是得了绰号“塔塔利亚”，意为结巴。

塔塔利亚出生在意大利一个普通的市民家庭，他童年时期不幸遇到意法战争爆发，残酷的战争夺去了他父亲的生命，塔塔利亚也因为身受重伤，而留下终生结巴的残疾。

塔塔利亚的幼年时代是非常痛苦的。法军占领他的家乡布里西亚后，进行了野蛮的大屠杀。塔塔利亚的父亲带着他藏在寺院里，仍然难免于祸。父亲被法军杀死，塔塔利亚头部和上下颚受了重伤。后来，他的母亲在死人堆中找到了他。那时正是兵荒马乱的时候，一时难以找到医生给塔塔利亚看病。塔塔利亚的母亲急中生智，她忽然想到狗在受伤时常用舌头舔伤口，于是便用这种原始办法为塔塔利亚疗伤，居然治好了塔塔利亚的伤口。但塔塔利亚因伤势过重，虽然伤口愈合却导致言语失灵，从此落下了口吃的毛病。

塔塔利亚

父亲死后，家里的生活一下变得更为艰难。因为家境非常贫困，穷得连纸和笔都买不起，塔塔利亚无法上学。为了圆孩子求学的梦想，他母亲就在父亲坟墓的石板上教他认字和算题。塔塔利亚非常聪明，对数学尤为感兴趣。

塔塔利亚曾经在布里西亚和威尼斯等地教学。有一次，他接受了解答布里西亚一个数学教师科拉提出的问题，并公开宣称他已知道这个三次方程的题的解答，但绝对保守秘密。那个时候有个风气，对自己的发明严守秘密，以便在公开的竞赛中取胜。而塔塔利亚的公开宣称却引起了另一位学生菲俄的不满，菲俄也宣称会解三次方程。塔塔利亚不认为菲俄有这个本事，于是双方约好于 1535 年 2 月 22 日在米兰大教堂进行公开竞赛。

菲俄是波伦那大学教授费罗的学生，他曾从费罗那里得到三次方程的一种特殊情形的解法。塔塔利亚闻知这个情况后不禁有些担心，他认为自己关于三次方程的解法还欠完善，如果要取胜，还必须想出更好的办法来才行。为了战胜对手，展示自己的实力，他重新开始研究，通宵达旦地奋斗，以思考更完善的办法，但时间一天天流逝，研究却毫无进展。

眼看着距离比赛日期没有多少时日了，塔塔利亚终日惶惶不安。2 月 12 日夜，他又照例伏案工作直到黎明。晨起的太阳露出了通红的脸庞，疲惫不堪的塔塔利亚走出门外，伸开两臂呼吸新鲜空气，突然脑子里迸出了灵感，困扰他多日的问题豁然开朗。塔塔利亚兴奋异常，焦虑和疲倦一扫而光。这时离比赛日期还有 10 天。

2 月 22 日比赛当天，来了很多围观的人。按照比赛要求，参赛双方要各给对方出 30 个题目，谁解得最多最快，谁就得胜。塔塔利亚在 2 小时内解完全部的题目，而菲俄却一个题目也解不出来，塔塔利亚大获全胜。

这次比赛让塔塔利亚名声大噪，但他并没有因此骄傲自满。之后，他又把精力投入到别的领域。塔塔利亚的一生从未停止攀登科学高峰的脚步，曾有不少关于军事、代数、筑城术、火药制法、商业算术等方面的著作，但遗憾的是，直到去世，他都没能实现他一生的理想，那就是完成一部包括他的新算法的巨著。

学海拾贝

现在的一元三次方程有一个求解公式，称为“卡丹塔塔利亚公式”。塔塔利亚的学生卡丹曾恳求老师将解法传授给他，并以基督教徒的身份起誓，至死也要保守老师的秘密。然而，卡丹背信弃义，剽窃了塔塔利亚的成果，让世人都以为他才是这个求解公式的创造者。

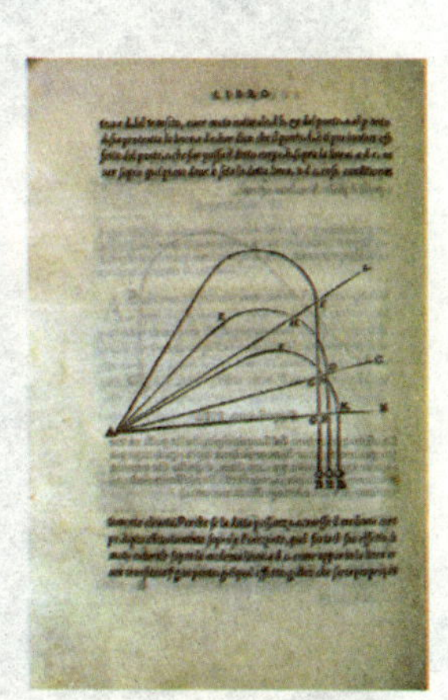

塔塔利亚去世后出版的著作中描述弹道计算的图。

哈雷的预言 发现哈雷彗星

太阳系是由围绕太阳运行的九大行星及其卫星、小行星、彗星、流星体和行星际物质共同组成的天体系统，而彗星则是拖着长尾巴的太阳系中的“流浪儿”。你知道著名的哈雷彗星是怎么被证实的吗？

天文学与数学就像自然学科中一对亲密无间的好兄弟，二者有着千丝万缕、密不可分的联系。古埃及人、古巴比伦人和玛雅人都通过数学的计算，推算出了各种天文历法。此后，天文与数学更一直相生相伴、相辅相成，持续发展下来，直到今天，数学与天文学依然保持着这样一种亲密的关系。备受世人瞩目的哈雷彗星的发现，则更是对这一真理的完美诠释。

哈雷彗星是第一颗被证实的周期彗星。它的发现者英国天文学家、数学家哈雷从小就爱好数学与天文。在中学读书时，哈雷曾运用数学和物理知识独立地测出伦敦磁针的变化值。在牛津大学读书期间，他不但设计了测定行星轨道单元的新方法，还编制出第一个南天星表，因而获得了较高的声誉。

↓哈雷

作为一位始终将理论与实践相结合作为科学实践工作指导思想的科学家，哈雷不但对大体星球轨道的研究进行理论上的探索与精密的计算，而且还自始至终都坚持实地观察和测量。他对天文学的最大贡献就是对彗星的研究。

哈雷从小就对彗星有着极大的兴趣，

并在其后的一生中，一心一意地进行了人类从未计算过的彗星轨道研究。他在观测1680年的大彗星之后，又对史料记载的24颗彗星进行分析，注意到1456年、1531年、1607年及1682年彗星在天球上的运行轨迹十分相似。据此，他用不完全归纳法得出了下面一个特性：1531年－1456年＝75年；1607年－1531年＝76年；1682年－1607年＝75年。

1986年回归的哈雷彗星

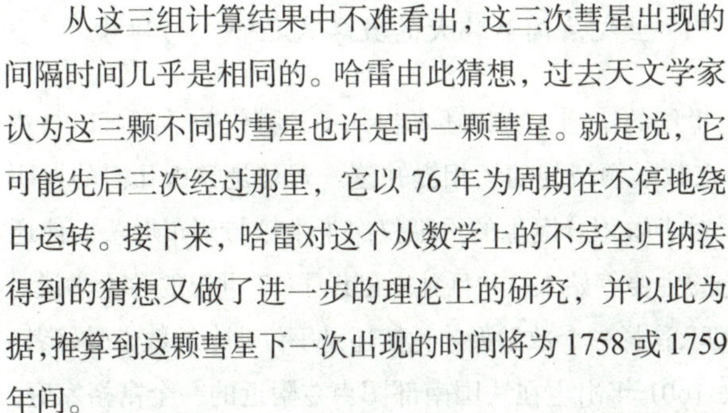

从这三组计算结果中不难看出，这三次彗星出现的间隔时间几乎是相同的。哈雷由此猜想，过去天文学家认为这三颗不同的彗星也许是同一颗彗星。就是说，它可能先后三次经过那里，它以76年为周期在不停地绕日运转。接下来，哈雷对这个从数学上的不完全归纳法得到的猜想又做了进一步的理论上的研究，并以此为据，推算到这颗彗星下一次出现的时间将为1758或1759年间。

激动人心的时刻到来了。1758年底，这颗明亮的彗星如约而至，它拖着长长的尾巴出现在天空之中。全世界爱好天文的人们都欢腾起来，对哈雷的神机妙算倍加称赞。然而，令人感到异常惋惜的是，那时哈雷已经离开人间17年了。人们为了纪念哈雷的预言，称这颗彗星为“哈雷彗星”，哈雷受到全世界人们的尊敬。

此后，又有人根据哈雷生前留下的彗星运行周期计算原理，推算出了哈雷彗星下一次出现的年份，结果是1910年。这一次，预言能够成真吗？事实再次证明哈雷的计算是正确的。1910年，哈雷彗星果真又出现在地球的上空。

1986年，哈雷彗星的再次到来，是离我们最近的一次回归。那年，世界各国都对这颗远道而来的访客进行了大量的观测，还发现了彗星的断尾现象呢。

学海拾贝

哈雷对彗星到来的准确预测，非常生动地说明了天文与数学间的关系。他用数学上的不完全归纳法，在一系列彗星出现的时间表上归纳，猜想出一个新的设想，然后再加以论证，证实了这个设想的正确性，推翻了前人的结论，得到了新的结论，从而获得了真理。

破解世纪难题

费马猜想的证明

被誉为“业余数学家之王”的法国数学家费马，一生并不精于自己的本职法官工作，却在数学领域作出了令世人惊叹的诸多成就。他一生从未受过专门的数学教育，却成就了“17 世纪法国最伟大的数学家之一”的称号。

在17 世纪的法国，或许还真找到不到哪位数学家可以与费马在数学领域的功绩相提并论。费马是解析几何的发明者之一；对于微积分诞生的贡献仅次于牛顿与莱布尼茨；他还是概率论的主要创始人，并且独立创设了 17 世纪的数论学说。你能想象吗,这样一个数学天才竟然还是一位业余的数学爱好者。

费马 1601 年出生在法国南部图卢兹附近的一个富裕家庭，他的父亲是一位经营皮革店的皮货商，家产丰厚；母亲出身法官世家的贵族家庭。费马从小就过着衣食无忧的生活，但他的父母并没有因此骄纵和宠着他，所以费马在学习上依然勤奋用功。

↓费马

费马后来成为一名法官。每天下班后，他都会阅读前人的著作并进行研究。他在笛卡儿的《几何学》发表之前，就发现了解析几何的基本原理，建立了坐标法，是解析几何的发明人之一。

费马善于思考，特别善于猜想，但不善于动手。读别人著作时，他会边看边想，顺手把一些体会和猜想写在书的空白处。他有超人的直觉能力，提出了数论中的许多猜想，这些猜想包括著名的“费马大定理”。

费马大定理是数学家们感兴趣的难题之一。它的内容是：n>2是整数，则方程$x^n+y^n=z^n$没有满足$xyz\neq0$的整数解（x^n表示x的n次方）。这个被称为“费马猜想”的难题一直困扰着数学界，著名的数学家赫尔伯特曾经开玩笑说：如果他死后500年能复活，那么第一个要问的问题就是费马猜想证明了没有。

1908年，一位数学爱好者愿意出资10万马克，奖赏第一个完全证明费马猜想的人，这笔丰厚的奖金曾吸引了许多人去努力证明费马猜想，但是结果完全是白费力气，没有人能证明这个难题。

费马自己曾经在古希腊数学家丢番图的一本著作的页边上写道：“我已经找到了一个令人惊异的证明，但是书页的边太窄，无法把它写出。”费马的证明是什么样的，谁也不清楚。1850年和1853年，法国科学院曾两次悬赏征解，但都没有收到正确的答案；1908年，德国哥廷根大学又向全世界征求解答，限期100年。

重赏之下必有勇夫，但是解决数学难题却非人人可为。最终，这个困扰了数学家们200多年的数学难题由英国数学家维尔斯解决了。经过几年的努力，他终于找到了证明费马猜想的方法。

在1993年6月23日一个演讲结束时，他推出了自己的推断理论，接着平静地宣布：“我证明了费马猜想。”

虽然维尔斯的证明长达百页以上，不过其他数学家立即动手检视他的巨作，结果维尔斯的证明归纳中，有一处瑕疵。于是维尔斯又花了14个月时间，和他以前一位学生隐居埋头工作，试图找出新的证明办法。

1994年10月14日，维尔斯将他的两篇新论文送交当代最权威的数学杂志——美国的《数学年刊》，论文顺利地通过审查，并于1995年5月以整期的篇幅发表了这两篇论文，使费马猜想的证明大白于天下。

学海拾贝

20世纪公认的德国天才数学家希伯特就不愿去碰费马猜想，他的理由是自己没那么多时间，而且到头来还可能落得失败的下场。虽然费马猜想让许多数学家念念不忘，但是他们看这个难题就有如化学家看炼金术一样，只是一个古老的浪漫梦。

↑维尔斯

持久的接力赛 寻找梅森数

梅森数被人们誉为“数学海洋中的璀璨明珠”，它是以17世纪法国数学家马兰·梅森的名字命名的。梅森数虽然光彩诱人，但要找到这样的数字并非易事。到目前为止，人类一共才发现了不足50个梅森数。

梅森数是指形如2^n-1的素数，记为M_n；若M_n是素数，则n一定是素数。

素数被称为是整数数学中的建筑材料，就像化学中的化学元素和物理学中的基本粒子一样，素数以外的称为合数的整数都可以写成一些较小的素数的乘积。事实上，根据算术基本定理，每个合数都有唯一的一组素因数。例如，合数20可以分解成素因数2、2和5，没有别的合数有同样的一组素因数。1既不是素数也不是合数，2则是唯一的偶素数。

↓马兰·梅森

最大的已知素数是从以马兰·梅森命名的梅森数中找到的。梅森是在17世纪早期研究这种数的法国修道士和数学家，也是费马的同代人。梅森数很难隐藏在合数中间，因为其特殊结构允许用相对简单的测试来决定它们的素数性，它们像在草地中嬉戏的彩饰的马戏团大象那样难以丢失。

寻找梅森数不仅需要高深的理论和纯熟的技巧，而且还需要进行艰巨的计算。这貌似简单，但研究难度却很大。1772年，瑞士数学大师欧拉在双目失明的情况下，靠心算证明了M_{31}（即$2^{31}-1=2\,147\,483\,647$）是一个素数。它具有10位数字，堪称当时世界上已知的最大素数。欧拉的毅力与技巧令人赞叹不已，他因此获得了“数学英雄”的美誉。在欧拉乃至以后的“手算笔录年代”，人们历尽艰辛，仅找到12个梅森数。

大约一个世纪后，法国数学家鲁卡斯提出了一个用来判别M_n是否是素数的重要定理，即“鲁卡斯定理”。鲁卡斯的工作为梅森数的研究提供了有力的工具。1883年，数学家波佛辛利用“鲁卡斯定理”证明了被梅森漏掉的M_{61}也是素数。此外，梅森还漏掉另外两个素数：M_{89}和M_{107}，它们分别在1911年与1914年被数学家鲍尔斯发现。

爱德华·鲁卡斯

随着电子计算机的出现，探究梅森数的步伐也大大加快。1952年，美国数学家鲁宾逊等人将著名的“鲁卡斯定理”编译成计算机程序，使用计算机在短短几小时之内，就找到了5个梅森数：M_{521}、M_{607}、M_{1279}、M_{2203}和M_{2281}。

1963年9月6日晚上8点，当第23个梅森数M_{11213}通过大型计算机被找到时，美国广播公司中断了正常的节目播放，在第一时间发布了这一重要消息。发现这一素数的美国伊利诺伊大学数学系全体师生感到无比骄傲，为让全世界都分享这一成果，以至于把所有从系里发出的信封都盖上了“$2^{11213}-1$是个素数”的邮戳。

1996年初美国数学家及程序设计师沃特曼编制了一个梅森数计算程序，并把它放在网页上供数学家和业余数学爱好者免费使用，这就是著名的GIMPS项目。2008年8月23日，美国加州大学洛杉矶分校数学系计算中心的雇员史密斯，通过GIMPS项目发现了第46个梅森数$2^{43112609}-1$。

学海拾贝

$2^{43112609}-1$可能是目前已知的最大素数，它有12 978 189位数，如果用普通字号将这个巨数连续写下来，其长度可超过50千米！梅森数的搜索仍在继续进行，下一个巨大的素数将在哪里发现？会有无限多个梅森数吗？没人知道答案。

第四章 *Di-si Zhang*

腾飞的想象

Tengfei de Xiangxiang

想象，又是想象，如果你仔细回想，你能想到人类有哪一种创造和发明能离开想象吗？如果说数学是一门诞生在想象摇篮里的学科，相信你不会有所反对吧？当你对着抛物线、双曲线图冥思苦想得不到答案时，不要灰心，因为那些创造这些东西的数学家们，当初也绝对没有想过这些会给今天的你带来如此的烦恼与痛苦。他们也许会惊讶地问：怎么会？你没发现它们如此美妙吗？用你的心去感受数学家们的心吧，很可能，你也会从此爱上数学。

一场空前的数学革命 微积分诞生

微积分被认为是继解析几何之后，数学史上一次里程碑式的进步。它是微分学和积分学的总称，作为一种数学思想，它引入了“极限”和“变量”的概念。它的出现，使人们能更好地运用数学这种抽象方法描述我们身处的世界。

17世纪后期出现了一个崭新的数学分支——微积分。这门新数学的特点是非常成功地运用了无限过程的运算，即极限运算，而其中的微分和积分则构成了微积分的核心。

微积分的思想萌芽，特别是积分学，部分可以追溯到古代。它的诞生并非一两个人的工作所能完成，而是历经了一个漫长而曲折的过程。我们已经知道，面积和体积的计算自古以来一直是数学家们感兴趣的问题，在古希腊、中国和印度的数学家们的著述中，不乏用无穷小过程计算特殊形状的面积、体积和曲线长的例子。

牛顿

与积分学相比，微分学的起源则要晚得多。影响微分学发展的主要科学问题是求曲线的切线、求瞬时变化率以及求函数的极大极小值等问题。

牛顿和莱布尼茨是创立微积分的两位伟大的科学先驱。微积分系统发展的关键在于，将过去一直分别研究的微分和积分两个学科联系起来。

对于牛顿，我们很多人最熟悉的莫过于他在物理学上的成果，以及那个苹果为什么会落地的著名的故事。实际上，牛顿还是一个成绩颇丰的数学家。最初，牛顿并不太注意数学。有一次，他借了一本欧几里得的《几何原本》，觉得它太容易理解了，换了一本笛卡儿的《解析几何》，又觉得它太难了，于是去读奥特雷德的《数学入门》。渐渐的，牛顿迷上了数学，并在著名数学教授巴鲁的指导下立志去探索数学王国的无穷奥秘。

莱布尼茨

“流数术”是牛顿在数学上的最伟大的贡献。什么是“流数术”呢？它是一种新的数学方法。举个例子说，纸上有4个点，如果用线段把它们联接起来，这种图形的面积是不难计算的；但是，如果用曲线把这4个点联接起来，这种图形的面积又该怎样计算呢？显然，用传统的数学方法是无能为力的。牛顿在研究物理学问题时，常常遇到许多类似的情况，深切地感到有必要去创造一种新的数学方法。

事实上，早在牛顿之前，已经有许多数学家在努力探索这种新的数学方法。牛顿从前人纷乱的猜测中，清理出有价值的思想，并用丰富的想象力将零碎的知识重新组织起来，终于最先找到了这种新的数学方法。这种新方法就是微积分，牛顿称为“流数术”。微积分的出现，深刻地影响了科学技术的发展。如果说天文学家不能没有望远镜，生物学家不能没有显微镜，那么，不仅仅是数学家，所有的自然科学家都不能没有微积分。

学海拾贝

作为一位伟大的科学家，牛顿享有不朽的世界声誉，但他却曾谦虚地说：“我不知道世人的看法怎样，我只觉得自己好像是在海滨游戏的孩子，为一会儿找到一颗光滑的石子，一会儿找到一个美丽的贝壳而高兴。而真理的海洋仍在我的前面未被发现。”

让符号改变数学 莱布尼茨

17 世纪后半叶，莱布尼茨和牛顿在前辈工作的基础上，分别独立建立了微积分。尽管两人的理论各有所长，但后世普遍认为莱布尼茨所创设的微积分符号远远优于牛顿的符号。

↑莱布尼茨

莱布尼茨所创设的微积分符号对微积分的发展产生了极大影响，而这些符号直到今天还在被我们广泛使用。

戈特弗里德·威廉·莱布尼茨，1646 年出生于德国东部莱比锡城。1661 年，15 岁的莱布尼茨进入莱比锡大学学习法律，在大学里听了教授讲授的欧几里德的《几何原本》，从此对数学产生了浓厚的兴趣。17 岁时，他在耶拿大学有过一段短暂的数学方面的学习，并得到数学家特雷维和魏格尔的指引和教导。在这里，他的思想发生了重大变化。17 世纪德意志国家落后分裂的现状以及新毕达哥拉斯主义的影响，使这个 17 岁的青年在思想上产生了巨大的动荡，这为他日后在哲学和自然科学领域的突破奠定了思想基础。

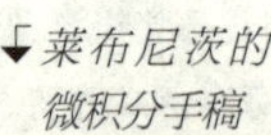

↓莱布尼茨的微积分手稿

莱布尼茨被誉为是“德国的百科全书式的天才”，他最为人熟知的成就是和牛顿分别独立创立了微积分。牛顿于 1665 年~1666 年建立了自己的“流数术”理论，即他的微积分学；莱布尼茨在 1673 年~1676 年也独立创立了微积分。虽然牛顿的学说比莱布尼茨早了 10 年，但莱布尼茨比牛顿早 3 年公开发表了自己的学术著作。

数学是一门基础的工具学科，几乎所有的自然学科都需要借助数学这条路径抵达自己的科学巅峰。微积分实际上也是一种方法论，在微分和积分互逆关系上建立起来的微积分，是一套从对各种函数的微分和求积公式中，总结出共同的计算方法和程序，使微积分方法普遍化，并发展成用主要符号来表示的微积分运算法则。所以，符号是微积分的主要因素，运动和极限是微积分的灵魂所在。

莱布尼茨创设的微积分通用符号简单方便，一直到现在都被数学界广泛使用。

牛顿从物理的角度，结合运动学，创立了他的“流数术”；而莱布尼茨则从几何问题出发，运用分析学方法建立起微积分概念及其运算法则，其理论在数学的严密性和系统性上胜过牛顿一筹。除此之外，莱布尼茨煞费苦心，精心挑选的用于他的微积分理论的各种符号，也为他的理论锦上添花。

莱布尼茨被认为是数学史上最伟大的符号学家。在创建他的微积分学说过程中，他花费了不少时间在那些精巧的符号上。在莱布尼茨本人看来，好的符号不仅可以起到速记的作用，而且能够使数学公式和数学理念的表达更加严密、准确，因为用“最简洁明了的少量符号来表词达意能够更接近于事物本质”。但最根本的一点，它更有效地解放了人类的大脑，让人们的思维更加开阔和便利。

我们现在所学的微积分学中的许多基本符号都是莱布尼茨当初所创。比如，1675 年莱布尼茨引入了 dx 表示 x 的微分，用“∫”，一个拉长了的“s”作为积分符号，用 ddv，dddy 表示二阶、三阶微分。1695 年左右，他又引用 dmn 表示 m 阶微分。除此之外，他还创设了对数、函数、行列式等符号。在他的大力倡导和密切关注下，“函数”“常量”“变量”“参变量”等术语也被大量引入到学术研究中。

如今，现代计算机的发明及其普遍应用，更是数学符号在思维领域的一大创举。

学海拾贝

围绕微积分的发明权，英国与德国两个民族、两个国家为此争论了一百多年。但世人是公正的，他们认为牛顿和莱布尼茨的微积分结果一致，殊途同归，根本谈不上谁剽窃谁的问题，其发明权应该归功于他们两个人，所谓牛顿—莱布尼茨公式就是后人对此问题的结论。

数学人才辈出 伯努利家族

瑞士这个风光优美的中欧小国，曾出过欧拉这样流芳千古的大数学家，也孕育了一个人才辈出的数学世家为其赢得世界的赞誉，这就是大名鼎鼎的伯努利家族。

雅各布·伯努利

瑞士小城巴塞尔位于瑞士西北，在连绵起伏的群山之间，它犹如一颗灿烂的明珠镶嵌在瑞士同德、法两国的交界处。缓缓流淌的莱茵河穿城而过，仿若一条透明的丝带将巴塞尔城一分为二，整座城市因有了它的装扮，愈加妩媚动人。这个山清水秀的地方，是18世纪最伟大的数学家莱昂哈德·欧拉的家乡。它被誉为瑞士的学术中心，曾培养出许多大科学家，声名显赫的伯努利家族就居住在这里。

伯努利家族祖孙三代，出过十多位科学家，其中最有名的是雅各布·伯努利和他的弟弟约翰·伯努利，以及约翰的儿子丹尼尔·伯努利。

雅各布毕业于瑞士巴塞尔大学，后按父亲意见学习神学。但他读到笛卡儿、沃利斯等人的著作后，对数学产生了强烈的兴趣，就毅然违背其父要他献身神学的意愿，转而投身数学。他的数学几乎是无师自通的。他在荷兰及英国旅行期间结识了一些知名的数学家，并成为莱布尼茨的好友，从此便和莱布尼茨有频繁的书信往来，共同探讨微积分等问题。

雅各布在数学领域的杰出贡献有：他是用微积分方法求解常微分方程的先驱之一，在微分方程中有以他的姓命名的伯努利方程，他采用变量分离法解出了这种方程；他研究过无穷级数，独立地发现了调和级数的发散性，给出了系数中包含伯努利数的幂级数展开式。

据说，雅各布醉心于研究对数螺线。他发现，对数螺线经过各种变换后仍然是对数螺线。他惊叹这种曲线的神奇，竟在遗嘱里要求后人将对数螺线刻在自己的墓碑上，并附以颂词“纵然变化，依然故我”，用以象征死后永生不朽。

雅各布的弟弟约翰也是莱布尼茨的好友和忠诚拥护者，他与莱布尼茨辩论和研讨微积分的有关问题中，写了大量的书信。约翰的研究认为，函数可借助于常量和变量用解析式表达出来。这在当时是一个了不起的进步，因为在此之前函数只是几何上的解释。另外，他在研究分子分母同趋于零的分式极限时，发现了一个重要法则，这就是现在微积分教材上的“洛必达法则”，其实这是他在1694年写信告诉洛必达的。他还曾把函数展成级数的形式，这个级数与泰勒级数相似，但他得到这一结果比泰勒要早。

学海拾贝

约翰·伯努利曾在兄长雅各布·伯努利去世后，接替后者担任巴塞尔大学的数学教授。在此期间，约翰培养了一大批出色的数学家，其中包括18世纪最著名的数学家欧拉、瑞士数学家克莱姆、法国数学家洛必达以及他自己的儿子丹尼尔和侄子尼古拉二世等。

约翰不仅在微积分、函数方面有着独特的见解，在几何学、物理学等领域也是建树颇多。在几何方面，他给出了空间坐标的定义，并研究过多种特殊曲线，建立了焦散曲面；在力学方面，他对很多概念都给出了准确的解释，提出了所谓虚拟速度原理。

约翰之子丹尼尔也和他的父亲一样先习医，后来在家族的熏陶下，不久便转向数学，成为这个家族中成就最大者。丹尼尔的贡献集中在微分方程、概率和数学物理方面，被誉为数学物理方程的开拓者和奠基人，他还是大数学家欧拉的终生挚友。

约翰·伯努利与丹尼尔·伯努利

骰子掷出的学问 概率论的诞生

法国数学家帕斯卡曾接到一个赌徒的求助信，对方在信中向数学家请教他们关于赌资的分配问题。就是这样一个寻常的故事却牵涉出了一个重要的数学学科，这就是概率论。这到底是怎么一回事呢？

我们生活的这个世界始终处在不停的变化和运动中，其中充满了各种不确定性。如果我们要对未来的事情发展作出某种预测，或者要判断做某件事情在未来可能产生的价值的大小，就必须衡量这种不确定性，而这就牵涉到有关概率的问题。

17 世纪时，法国有一个很有名的赌徒，叫默勒。一天，这个老赌徒遇上了一件麻烦事，使他伤透了脑筋。这天，默勒和一个侍卫官赌掷骰子，两人都下了 30 枚金币的赌注。如果默勒先掷出 3 次 6 点，默勒就赢得 60 枚金币；如果侍卫官先掷出 3 次 4 点，这 60 枚金币就归侍卫官赢走。可是，正当默勒掷出 2 次 6 点，而侍卫官只掷出了 1 次 4 点时，意外的事情发生了：侍卫官接到通知，必须马上回去陪国王接见外宾。

在掷骰子游戏中，投出的骰子，出现点数的概率充满了不确定性，概率论就是研究这种随机性或不确定性等现象的数学分支。

这场赌博无法继续下去了，此时，默勒和侍卫官就如何分配两人下的赌注发生了争执。默勒说："我只要再掷出 1 次 6 点，就可以赢得全部金币，而你要掷出 2 次 4 点，才能赢得这么多金币。所以，我应该得到全部金币的 3/4，也就是 45 枚金币。"侍卫官不高兴了，反驳说："假如继续赌下去，我要 2 次好机会才能取胜，而你只要一次就够了，是 2∶1，所以，你只能取走全部金币的 2/3，也就是 40 枚金币。"两人对此争论不休，结果谁也说服不了谁。事后，心有不甘的默勒仍然觉得自己的分法是公平的，可就是说不出为什么公平的道理来。于是，他写了一封信向法国著名数学家帕斯卡请教。

没想到，这个困扰默勒的问题竟然引来了帕斯卡的极大兴趣。试想一下，如果以两人已经赢得的局数做比例来分配他们的赌本，两人都将不服气，准会抢着嚷道："假如继续赌下去，也许我的运气特别好，接下来全归我赢，"然而，假如继续赌下去，谁又能预先确定到底归谁赢呢？

概率作为数学的一个重要部分，同样也在发挥着越来越广泛的用处。在我们的生活中，抽样调查、评估、彩票、保险等业务都需要计算概率。

帕斯卡随即又将这个题目连同他的解法，寄给了"业余数学家之王"费马。不久，费马在回信中又给出了另一种解法。他们两人不断通信，深入探讨这类问题，逐渐摸清了一些规律。就在这两位大数学家的通信中，一门新的数学分支开始产生了。这门数学分支叫做"概率论"。由于概率论与赌徒的这段渊源，所以也常有人讥笑它为"赌徒之学"。

概率论主要研究隐藏在"偶然"现象中的数量规律。抛掷一枚硬币，落地时可能是正面朝上，也可能是背面朝上，谁也无法预先确定到底是哪一面朝上。它的结果纯粹是偶然的。连续地将一枚硬币抛掷 50 次，偶然也会出现次次都是正面朝上的情形。但是，如果继续不停地将硬币抛掷下去，这个"偶然"的现象便会呈现出一种明显的规律性。有人将硬币抛掷 4 040 次，结果正面朝上占 2 048 次；有人抛掷 12 000 次，结果正面朝上占 6 019 次；有人抛掷 30 000 次，结果正面朝上占 14 998 次。正面和背面朝上的机会各占 1/2，抛掷硬币的次数越多，这种规律性也就越明显。

说概率是一种模棱两可的数学理念或许在某种程度上也没错，可能也正因为它的不确定性才引来了数学家们的好奇，于是才有了人们对它不懈的研究。

学海拾贝

当初，概率论的产生主要是为了适应保险事业发展的需要。现在，人们预测事件发生、确定实验方案、检验产品质量、判断结论的可靠性时，都已离不开概率论的帮助。许许多多的现代数学分支，如信息论、控制论等，也无一不以概率论为基础。

从神童到大师 “数学王子”高斯

在欧拉之后，一颗年轻的数学新星冉冉升起在数学的广袤天空，他就是有“数学王子”之称的德国数学家高斯。高斯是一位普通的泥瓦匠兼园丁的儿子，却在不到20岁的年纪取得令人羡慕的科学成果，一举成名。

那个关于高斯小小年纪就发现了1~100数字间的等差数列规律的故事，早已被人们所熟知。而这个天才儿童之所以能成长为一个杰出的数学家，除了他自身的勤奋与天赋外，与身边朋友、家人、赞助人的支持和帮助也有着莫大的关系。虽然年纪轻轻就已经摘取了数学上的累累硕果，但是这位年轻的数学天才并未因此骄傲自满，依然全力以赴迎接数学领域的不断挑战。

高斯是德国著名的数学家、物理学家和天文学家。他为探求科学的真理奋斗到生命最后一刻。由于高斯在数学领域中的卓越贡献，他被世人称颂为“数学王子”。

1777年，高斯出生在德意志北部布伦瑞克一户普通人家。他的祖父是个贫苦的农民，父亲曾做过园艺工人、包工头，给一位商人当过助手，还曾在一家小保险公司做过评估师。高斯的母亲是一个穷石匠的女儿，聪明直爽。在支持高斯学习的问题上，这位坚强的母亲想尽了办法。高斯的父母没有教过他算术，但是他的舅舅，一位头脑聪明、机敏好学、技术一流的织锦缎工，给了他最初的启蒙。由于家境贫困，高斯差点中断学业，幸而遇到一位好心的公爵资助，他才能继续

↓高斯纪念邮票

上学。

1795 年，18 岁的高斯转入哥廷根大学学习。在这里，他取得了自己众多的科学成就。入学同年，高斯独立发现了“质数分布定理”和“最小二乘法”。在上述研究基础上，高斯又独立发现了数论中的“二次互反定律”，并且第一个对此作出了严格的证明。从 1795 年 10 月到 1798 年 9 月，高斯在哥廷根大学度过了 3 年大学时光。这段时间，被认为是他一生中取得最多成果的时期。

1798 年，高斯在哥廷根的大学生活也快要结束了。这个时候，他的一本关于数论的专著《算术研究》基本上也大功告成。1809 年，高斯的第二部著作《天体运行论》正式发表。他在这本书里详细讨论了根据观测数据如何确定行星和彗星的轨道，由此建立了一系列天文学计算中的重要公式，还介绍了他创立的“最小二乘法原理”和“高斯分布曲线”。

63 岁时，为了更好地阅读俄国数学家罗巴切夫斯基关于非欧几何学的论文，高斯开始学习俄语，并最终掌握了这门语言。后来，他和雅诺什、罗巴切夫斯基一起成为微分几何的奠基人。

除了在数学上取得的辉煌成就，高斯还为物理学的发展作出了自己的贡献。他曾发明了日光反射仪，可以将太阳光束反射至大约 450 千米外的地方。19 世纪 30 年代，高斯辞去了天文台的工作，与德国物理学家威廉·韦伯共同从事电磁学领域的研究工作，两人因此结为挚友。

1855 年新年刚过，高斯在病痛的折磨中去世。人们为他建造了一座以正 17 棱柱为底座的纪念碑，以纪念他早年杰出的数学发现和伟大的数学贡献。

学海拾贝

“大自然，您是我的女神，我一生的效劳都服从于您的规律。”这句出自莎翁的悲剧《李尔王》中的格言，曾经被高斯工整地写在自己的肖像下面，也正是这句话，恰如其分地概括了高斯的一生。

高斯之墓

欧拉之后的数学新星 拉格朗日

拉格朗日，法国数学家、物理学家。他在数学、力学和天文学三个学科领域中都有历史性的贡献，其中尤以数学方面的成就最为突出，而他和欧拉所代表的各自的领域恰好概括了18世纪欧洲数学的发展状况，从而留名史册。

1728年，欧拉在约翰·伯努利的建议下，开始研究曲面。他从地球的测地线等问题着手，试图寻找连接曲面上两点间最短曲线的距离，经过十几年的时间，终于有所收获。欧拉在这一领域的著作《寻求某种具有极大或极小性质的曲线性质的技巧》，于1744年在柏林出版。

这部著作一经问世，立刻为欧拉带来了前所未有的荣誉，他被公认为当时最伟大的数学家。欧拉在这一领域的研究给一位年轻的法国数学家很大启发，在与欧拉探讨"等周问题"的过程中，这位数学家以欧拉的思路和结果为依据来论证和推导自己的结论。而他的第一篇论文《极大和极小的方法研究》，更是进一步发展了欧拉开创的变分法，从而为变分法的创立奠定了基础。

↓拉格朗日

据说，在得知这位数学家的研究结果后，欧拉非常兴奋。为了鼓励年轻人，他立即将自己即将付印的著作压下来，让年轻人的著作先行发表。不仅如此，他还在自己的著作出版之时，郑重声明，在这位年轻人提出这个方法之前，他在研究中遇到了“前所未有的困难”。后来，他还向柏林科学院大力推荐了这位数学新星，使后者被成功录取为该院院士。

这位得到欧拉提携的年轻数学家，就是拉格朗日。

拉格朗日出生于意大利的都灵，祖父是法国人，祖母是意大利人。他的父亲是一位富商，并且定有一条家规：必须有一子继承他的家业。父亲曾想把身为长子的拉格朗日培养成自己商业上的接班人，因此希望他学习法律，但后来不幸破产。拉格朗日在晚年回忆起此事时，曾把它视为一生最大的幸运，否则，他也会成为一名商人。

意大利都灵的拉格朗日雕塑

拉格朗日在中学时代读了天文学家哈雷写的一篇谈论计算方法的文章后，就对数学和天文学产生了兴趣，不久进入都灵皇家炮兵学院学习。拉格朗日通过自学的方式钻研数学，尚未毕业就担任了该院的部分数学教学工作。他从 17 岁起专攻当时迅猛发展的数学分析，18 岁时开始撰写论文，19 岁被正式聘任为该院的数学教授。

欧拉曾被当时很多欧洲数学家尊为共同的老师，而他对年轻人的帮助与支持，更为他赢得了人们的尊敬。曾在柏林科学院担任要职的欧拉曾在临行前，向普鲁士国王腓特烈二世推荐拉格朗日作为自己职位的接替者。于是，腓特烈二世亲自写信给拉格朗日说：“欧洲最伟大的君王希望欧洲最伟大的数学家到他的宫廷里来。”就这样，拉格朗日离开都灵，就任柏林科学院物理数学所所长职务，这时他年仅 30 岁。

此后，拉格朗日在柏林科学院整整工作了 20 年。在这期间，他对代数、数论、微分方程、变分法、力学和天文学都进行了广泛而深入的研究，并取得了丰硕的成果，其作品浩如烟海，这是其一生研究工作的鼎盛时期。拉格朗日 1787 年 7 月 29 日正式到巴黎科学院工作，直至去世。

学海拾贝

拉格朗日运用数学才能使得力学系统化，这门科学是从伽利略开始发展起来的。拉格朗日用变分法得到了非常普遍的方程，所有的力学问题都可以由这些方程求解。他于 1788 年在巴黎出版的《分析力学》一书中总结了他的方法。这部书是纯代数的，全书连一张几何图形都没有。

应用数学的先驱 拉普拉斯

历史上，曾有一位年轻的数学家为唤起人们对数学的尊重与热爱，向世界发出呼吁："读读欧拉，读读欧拉，他是我们所有人的老师！"这位也曾为欧拉对数学的热爱所感动和备受鼓舞的年轻人，就是法国数学家拉普拉斯。

拉普拉斯1749年生于法国西北部卡尔瓦多斯的博蒙昂诺日，他的父亲是一位农场主，家境并不富裕。拉普拉斯小时候是靠邻居的资助才得以完成学业的。但正是这样的环境，造就了他在研究领域中不畏艰难险阻、勇敢奋斗的顽强精神。

拉普拉斯在研究天体问题的过程中，创造和发展了许多数学的方法，以他的名字命名的"拉普拉斯变换""拉普拉斯定理"和"拉普拉斯方程"，在科学技术的各个领域有着广泛的应用。拉普拉斯是分析概率论的创始人，应用数学的先驱，也是天体力学的主要奠基人，天体演化学的创立者之一。他的"拉普拉斯变换"被视为概率中的经典，他还成功地将此定理应用到力学，特别是天体力学，并取得了划时代的成果。

拉普拉斯

拉普拉斯大学期间写了一篇关于有限差分的论文。在完成学业后，他带着介绍信从乡下到巴黎，想师从大名鼎鼎的达朗贝尔，可是达朗贝尔对这位年轻人并不感兴趣。拉普拉斯毫不气馁，又写了一篇阐述力学一般原理的论文，求教于达朗贝尔。由于论文十分出色，达朗贝尔十分欣赏他的才华，并回了一封热情洋溢的信。达朗贝尔在信中写道：“你用不着别人的介绍，你自己就是最好的推荐书。”达朗贝尔还主动要求做拉普拉斯的教父，并介绍他去巴黎陆军学院任教。

拉普拉斯的研究领域是多方面的，有天体力学、概率论、微分方程、复变函数、代数、测地学、毛细现象理论等。他是一位分析学的大师，把分析学应用于力学，取得了卓越的成果。拉普拉斯写的《分析概率论》汇集了 40 年来概率论方面的进展以及他在这方面的发现，对概率论的基本理论作了系统的整理。著名的“拉普拉斯变换”就是此书述及的。1814 他还出版了《概率的哲学探讨》。他被公认为是概率论的奠基人之一。

拉普拉斯对解释世界的任何事情都感兴趣。他研究过流体动力学、声的传播和潮汐现象。在化学方面，他关于物质液态的论著是经典之作。他关于毛细管中使水上升的表面张力的研究以及液体内聚力的研究，都有重大的发现。他研究过复变函数求积法，并把实积分转换为复积分来计算。拉普拉斯方程更是重要的微分方程。他研究了奇解的理论，把奇解的概念推广到高阶方程和三个变量的方程，发展了解非奇次线性方程的常数交易法，探求二阶线性微分方程的完全积分。

不仅如此，拉普拉斯也很重视研究方法，他十分爱用归纳和类比。他曾说：“甚至在数学里，发现真理的主要工具也是归纳和类比。”

拉普拉斯用数学方法证明了行星的轨道大小有周期性变化，这就是著名的“拉普拉斯定理”。

学海拾贝

拉普拉斯的另一著作《天体力学》共有 5 卷，这部巨著把牛顿、达朗贝尔、欧拉、拉格朗日等人的天文研究推向了高峰。用拉普拉斯自己的话来说，写这部书的目的在于对太阳系引起的力学问题提供一个完全的解答思路。

稍纵即逝的新星 埃瓦里斯特·伽罗瓦

埃瓦里斯特·伽罗瓦，法国数学家，与尼尔斯·阿贝尔并称为“现代群论的创始人”。作为数学史上一位具有传奇色彩的人物，他生前的工作很少被人理解，而他因一次决斗而英年早逝，更引起人们的种种猜测。

伽罗瓦1811年出生于巴黎近郊的一个小镇，父亲是一位热衷民主共和的政治家，母亲是一位受过良好教育的法官之女。12岁时，小伽罗瓦考入一所著名的皇家中学。在中学读书期间，他喜欢上了令同学们生厌的数学，并阅读了大量数学书籍。上学期间，他居然只用了一周时间，一口气读完了勒让德的经典著作《几何原理》，这让当时很多人都感到不可思议。

↓埃瓦里斯特·伽罗瓦画像

有一次，主持课外数学讲座的老师故意给学生们留了一道数学难题让他们课后去做。伽罗瓦花费了一个通宵的时间，终于在第二天凌晨把这道题做完了。他敲开老师的家门，去交作业，结果遭到老师的冷遇，因为那道题是老师从数学大师高斯的著作思考题中找出的一道怪题，这类题需要造诣很高的专业的数学家才能做出来。因此，老师对这个一早就来交作业的学生根本就没抱希望，以为他不过是来应付差事，还冷淡地说：“留下来我看看吧，恐怕你们这些人还没有谁能完成这个题目！”

伽罗瓦走了后，老师忙别的事情

去了。直到这天晚上，他才无意中拿起了伽罗瓦的作业随便看上一眼。谁知不看则已，一看便不能释手，最后竟大呼起来：“奇才，奇才！”原来，伽瓦罗不仅顺利解出了这道题，而且还用了几个不同解法。老师一下被这少年的超人智慧折服了，他暗下决心，一定要下大力气培养他。

伽瓦罗 16 岁时考入巴黎师范大学。入学半年，他向法国科学院提交了有关群论的第一篇论文。不久，他又以超人的才气完成了几篇数学研究文章，以应征巴黎科学院的数学特别奖。谁知命运对他极不公正，使他连遭厄运。

在科学院第一次对论文的审查会开始时，作为审查员的法国数学家柯西因为弄丢了伽瓦罗的论文，于是审查会不得不草草收场。在这次经历之后，伽罗瓦毫不气馁，又向法国科学院寄过几篇数学论文。这次经手的人是常务秘书傅立叶，也是一位大数学家。岂料事不凑巧，傅立叶接到手稿后不久去世了，人们在他的遗物中也没有找到伽罗瓦的手稿。

学海拾贝

伽罗瓦是一个倾向民主共和的积极分子。为了纪念法国人民攻占巴士底狱，他参加了反对复辟王朝的群众游行示威，并因此被逮捕，关押了 8 个月。出狱后不久，为了一桩至今仍是谜团的恋爱纠纷，他被迫接受决斗，结果惨死枪下。一代数学新星就这样陨落了。

虽然多次遭到命运的不公对待，但伽罗瓦仍继续他的数学研究。他涉足了方程论、群论、可积函数等众多领域，创立了“伽罗瓦理论”，为群论打下了坚实的基础。除此之外，他还在数学中建立了许多概念，他的研究成果在大量的、各种各样的数学研究中得到广泛应用。在他的著作基础上，产生了许多全新的数学分支。

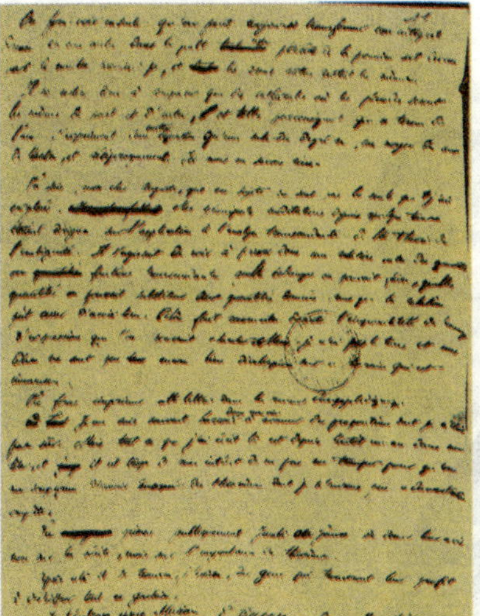

伽罗瓦出事前将他的所有数学成果狂笔疾书记录下来，寄给了朋友。他的数学成果最终得以保存留传下来。

成果丰硕 法国数学家柯西

奥古斯丁·路易·柯西，第一个认识到无穷级数论并非多项式理论的平凡推广，而应当以极限为基础建立其完整理论这一重要思想的数学家。柯西在分析的许多分支以及代数、几何、数论、力学、天文学等领域都有卓越的贡献。

柯西出生在法国大革命爆发的同一年，巴黎人民发出“攻陷巴士底狱”不久。他的父亲是一位精通古典文学的律师，曾任法国参议院秘书长，和拉格朗日、拉普拉斯等人交往甚密，因此柯西从小就认识了一些著名的科学家。柯西自幼聪敏好学，拉格朗日曾预言他日后必成大器。

有意思的是，法国著名化学家贝莱特还曾经和柯西一家做过邻居。当时贝莱特正因为研究工作的不顺利而隐居在家中，他看到小柯西聪明好学，就为这个孩子亲自编写了一套科学教材。这对柯西产生了难以磨灭的印象，以至多年后，他还曾回忆到：“在别人看来都是没有意义的题目，比如由天堂唱诗班里的很多天使，去推算站在一块天花板上的天使有几个，进而推估踮着脚尖站在针尖上的天使有几个。贝莱特正是在教我无穷级数收敛的演算。”

柯西

少年时期的柯西曾获得法国中学数学竞赛的第一名，古典文学比赛的第一名。16 岁时，他连跳几级，进入巴黎工艺学院。在大学里，他因为出色的学习才能，年仅 21 岁就取得了博士学位。

柯西在微积分中引进了清晰和严格的表述和

证明方法，这是他对微积分的最大贡献。在这方面他还曾写下了三部专著：《分析教程》《无穷小计算教程》《微分计算教程》。他的这些著作，摆脱了微积分单纯的对几何、运动的直观理解和物理解释，引入了严格的分析上的叙述和论证，从而形成了微积分的现代体系。在数学分析中，可以说柯西比任何人的贡献都大，微积分的现代概念就是柯西建立起来的。有鉴于此，人们通常将柯西看做是近代微积分学的奠基人。

这位杰出的年轻人对微积分的论述，曾让当时欧洲的数学界大为震惊。在一次科学会议上，柯西提出了级数收敛性的理论。著名数学家拉普拉斯听过后非常紧张，便急忙赶回家，闭门不出，直到对他的《天体力学》中所用到的每一级数都核实过是收敛的以后，才松了一口气。

尽管这三部著作得到了广泛流传，柯西也因此受邀参加了一系列的学术演讲，另外他对微积分的简介也被人们所普遍接受，并一直沿用至今。但是，因为在柯西的时代，实数的严格理论还未建立起来，对连续性、一致连续性、可微性、可积性以及它们之间的关系也不可能彻底地阐述清楚，所以在他的论著中也难免存在一些错误。

除此之外，柯西在数学上的另一个贡献，是发展了复变函数的理论。如他给出了复变函数的几何概念，证明了在复数范围内幂级数具有收敛圆，给出了含有复积分限的积分概念以及“残数理论”等。他同时还是探讨微分方程解的存在性问题的第一个数学家。他证明了微分方程在不包含奇点的区域内存在着满足给定条件的解，从而使微分方程的理论深化了。在研究微分方程的解法时，他成功地提出了特征带方法并发展了强函数方法。

柯西在数学方面取得的这些具有划时代意义的理论成果，使得他被认为是数学分析严格化的开拓者。

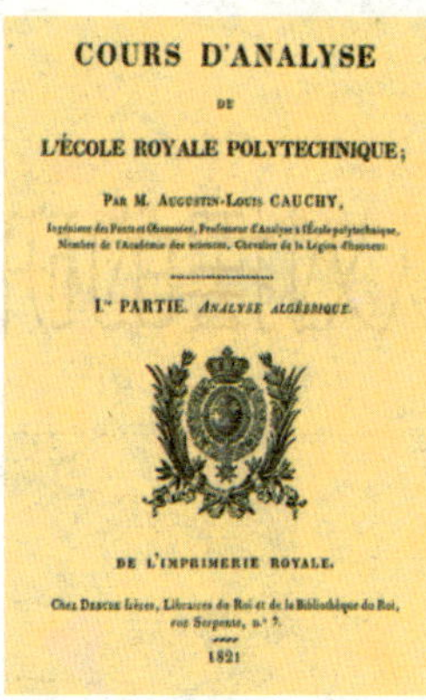
COURS D'ANALYSE

DE

L'ÉCOLE ROYALE POLYTECHNIQUE;

PAR M. AUGUSTIN-LOUIS CAUCHY,

Ingénieur des Ponts et Chaussées, Professeur d'Analyse à l'École polytechnique, Membre de l'Académie des sciences, Chevalier de la Légion d'honneur.

I.re PARTIE. ANALYSE ALGÉBRIQUE.

DE L'IMPRIMERIE ROYALE.

Chez Debure frères, Libraires du Roi et de la Bibliothèque du Roi, rue Serpente, n.° 7.

1821

柯西的《分析教程》书影

学海拾贝

柯西曾深入研究了行列式的理论，并得到了有名的“宾内特—柯西公式”。他总结了多面体的理论，证明了费马关于多角数的定理等问题。此外，他还对物理学、力学和天文学都作过深入的研究，特别在固体力学方面，奠定了弹性理论的基础。

从对摆的研究开始 数学家泊松

泊松是法国第一流的分析学家，年仅 18 岁就发表了一篇关于有限差分的论文，受到了前辈勒让德的好评。他一生成果累累，对数学和物理学作出了杰出贡献。他应用数学方法研究各类物理问题，并由此获得数学上的发现。

泊松是法国著名的数学家、物理学家和力学家，生于 1781 年。泊松最初曾遵照父亲的心愿，打算学习医学，但因为他本人对医学毫无兴趣，不久便转向数学。1798 年前后，他考入巴黎综合工科学校，成为拉格朗日、拉普拉斯的高徒。

泊松的数学生涯开始于研究微分方程及其在摆的运动和声学理论中的应用，其一生对摆的研究极感兴趣。

↓泊松

一个人为什么对摆如此着迷？据说，泊松小时候由于身体孱弱，他的母亲曾把他托给一个保姆照料。一天，当他的父亲去看他时，保姆出去了，却见小泊松坐在挂在墙上的布袋里。泊松后来回忆说，被吊着摆来摆去，就是他的体育锻炼。他晚年曾用大部分时间从事摆的研究，是由于他自幼就熟悉摆。

1817 年，泊松在自己的著作出版物中对序列收敛的条件提出了正确的概念，但现在一般把这个条件归功于柯西。泊松还对发散级数作了深入的探讨，并奠定了“发散级数求积”的理论基础，引进了一种今天看来就是可和性的概念。把任意函数表为三角级数和球函数时，他广泛地使用了发散级数，用发散级数解出过微分方程，并导出了用发散级数作计算怎样会导致错误的例子。他还把许多含有参数的积分化为含参数的幂级数。他关于定积分的一系列论文以及在傅立叶级方面取得的成果，为后来的狄利克雷和黎曼的研究铺平了道路。

19 世纪是统计概率学发展的黄金时期，泊松是这个研究队伍中的卓越人物。他改进了概率论的运用方法，建立了描述随机现象的一种概率分布——泊松分布。此外，他还就三个变数的二次型建立起特征值理论，并给出新颖的消元法，研究过曲面的曲率问题和积分方程。

在数学物理方面，泊松解决了许多热传导方面的问题，他使用了按三角级数、勒让德多项式、拉普拉斯曲面调和函数的展开式，关于热传导的许多成果都包含在其专著《热的数学理论》之中。他解决了许多静电学和静磁学的问题，研究了膛外弹道学和水力学的问题，提出了弹性理论方程的一般积分法，引入了泊松常数。他还用变分法解决过弹性理论的问题。

同一时期，波动光学在物理学界重新崛起。当时有一位研究光的物理学家叫做菲涅尔，他认为光是一种波，并给出计算波动的光在空间中运动的方程。泊松得知这个方程后，很快就计算出一些有趣的结果。根据这个方程，泊松发现当一束光通过一个障碍物的时候，会在障碍物阴影中心出现一个亮斑，可是从来没有人观察过这个现象。后来，菲涅尔在做实验时，发现确实存在这样的亮斑。这就是著名的“泊松亮斑”现象。

学海拾贝

菲涅尔把自己的实验结果公布后，立刻引来学术界的关注。为了表彰泊松在这个过程中作出的“贡献”，菲涅尔提议将这个亮斑以第一个“看到”它的泊松教授的姓氏命名，于是在自然世界里就多了一种被称为“泊松亮斑”的自然现象。

图中阴影中心的亮斑就是泊松亮斑。这种现象在我们日常生活中很难见到，只有在障碍物很小的时候，才会看到它。

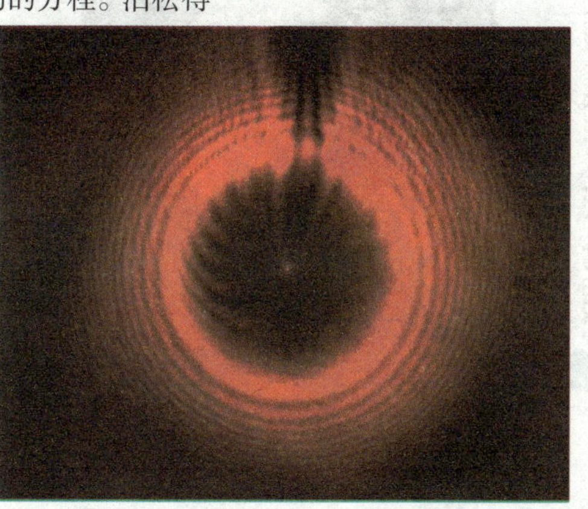

康托尔的理念 集合论

集合论在数学中占有一个独特的地位，它的基本概念已渗透到数学的所有领域。集合论包含集合、元素和成员关系等最基本的数学概念，在大多数现代数学的公式化中，集合论提供了要如何描述数学物件的语言。

集合论和逻辑与一阶逻辑共同构成了数学的公理化基础，以未定义的“集合”与“集合成员”等术语来形式化地建构数学物件。

康托尔是集合论的创始人，他在无穷问题上取得了巨大的突破。虽然集合论的发展道路不平坦，但康托尔的集合论却是数学史上最具有革命性的理论。

康托尔出生于俄国的彼得堡，他的父亲是犹太富商，母亲也是犹太人，1856年随父母移居德国。康托尔从小就表现出卓越的数学才能，在15岁时他就决心将来当个数学家。他父亲知道了这件事，作为一个商人，尽管也承认儿子有非凡的数学才能，但在他看来数学家这种职业是不现实的，他要求儿子为获得较为现实的技术性职业而努力。

↓康托尔

虽然康托尔对此感到震惊，然而，他非常爱他的父亲，并且心地善良。他决心遵从父亲的意见，直到让父亲看出自己的儿子不适合从事技术工作而应该研究数学为止。就这样，为了取悦父亲，康托尔打算牺牲自己的才能为他这份暂时的事业。

此后，康托尔越来越多地显示出他的数学才能，并以数学第一名的成绩在高级中学结业。这时，他的父亲终于允许他进入大学专攻数学。这样，康托尔在 29 岁那年发表了一篇关于无限集合的甚至可以说是具有革命性的论文。

具有传统思想的人，接受革命性的新思想很困难，这种事情在世上总是存在的。康托尔的这篇论文也无可避免地在当时的数学界引起了激烈的争论。他在集合论与超限数方面的研究一直延续到 1897 年，并发表了一系列论文。分析的严密化揭示了人们有必要去理解实数集合的结构。为了处理这个问题，他引进了关于无穷点集的一些概念。他期望通过无穷几何的研究，能把不同的无穷散点集和无穷连续点集按照某种方式清楚地区别开来。为此，他构造了历史上有名的“康托尔集”，提出了“康托尔定理”。

康托尔的集合论是数学上最富革命性的理论之一，因此它的发展道路也自然很不平坦，曾受到同时代的一些大数学家的反对和非难，其中尤其以保守派代表——柏林大学教授克罗内克最为强烈。克罗内克不但对康托尔的学术观点持严厉的批评态度，而且设置重重障碍使康托尔在柏林无立足之地，甚至还攻击康托尔是神经质。就连那个时代被誉为博大精深、富于创举的数学家庞加莱也把集合论当做一个有趣的“病理学的情形”来谈。这些大数学家的指责和非难，加上康托尔性格倔强、易于激动，而他的集合论中也出现过某些悖论，这些都使他经常处于精神压抑之中。1884 年，他患了精神分裂症，最后在精神病院逝世。

学海拾贝

作为对传统观念的一次大革新，康托尔的理念开创了一片全新的领域，提出又回答了前人不曾想到的问题。他的理论受到激烈的批驳是正常的。康托尔认为，在数学中提出问题的艺术要比解决问题的方法更为重要，他本人也正因如此而受到人们的尊敬与缅怀。

集合论经常采用图形方式来表示不同集合之间的相互关系。

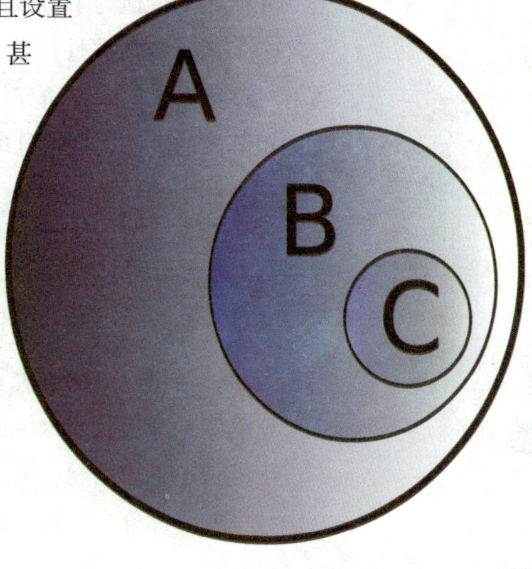

古怪的计算 矩阵

在数学上，矩阵是指纵横排列的二维数据表格，最早来自于方程组的系数及常数所构成的方阵。这一概念由19 世纪英国数学家凯莱首先提出。它的产生源于线性代数理论的研究，是数学中的一个重要的基本概念。

西尔维斯特 →

矩阵概念在生产实践中也有许多应用，比如矩阵图法以及保护个人帐号的矩阵卡系统等。有时，监控系统中负责对前端视频源与控制线切换控制的模拟设备也叫矩阵。但数学中的矩阵与现实生活中的这些“矩阵”有着本质上的不同。

“矩阵”这个词是由西尔维斯特首先使用的，他为了将数字的矩形阵列区别于行列式而发明了这个术语，成为线性代数发展史上的转折点。实际上在此之前，一些数学界前辈在研究行列式的计算步骤的时候，就已经采用矩阵式的算法，而矩阵的一些基本性质也是在行列式的发展中建立起来的。

莱布尼茨曾研究了多元方程组的解法。为了寻找一种有效的解决办法，他用尽心血，提出了抵消未知数的方法来求解方程组。1800 年左右，高斯受到莱布尼茨的启发，发明了高斯消去法，他用此方法解决了天体计算和后来大地测量（关于测量或确定地球形状或定位地球表面一个点的应用数学分支）计算中的最小平方问题。虽然高斯的这种解决方法并没有被认为是数学的一部分，但却丰富了线性方程组的解决方法。

此后，又有诸多著名数学家都研究了这类问题，渐渐地摸索出一套解决方法，为一种新的计算方法奠定基础。亚瑟·凯莱对矩阵代数进行了发展。他出生于一个古老的英国家庭，在剑桥大学三一学院毕业后留校讲授数学，三年后他转而从事律师职业，工作卓有成效，并利用业余时间研究数学，发表了大量的数学论文。凯莱研究了线性变换的合成，定义了矩阵乘法。

1858 年，凯莱发表了关于这一课题的第一篇论文《矩阵论的研究报告》，系统地阐述了关于矩阵的理论。文中他定义了矩阵的相等、矩阵的运算法则、矩阵的转置以及矩阵的逆等一系列基本概念，指出了矩阵加法的可交换性与可结合性。另外，凯莱还给出了矩阵的特征方程和特征根(特征值)以及有关矩阵的一些基本结果。

同一时期，数学家埃米特证明了别的数学家发现的一些矩阵类的特征根的特殊性质，如现在称为“埃米特矩阵”的特征根性质等。此后，克莱伯施、布克海姆等人证明了对称矩阵的特征根性质，泰伯引入了矩阵的迹的概念并给出了有关结论。

另一位数学家弗罗伯纽斯在矩阵论发展史上的贡献也是不可磨灭的。他讨论了最小多项式问题，引进了矩阵的秩、不变因子和初等因子、正交矩阵、矩阵的相似变换、合同矩阵等概念，以合乎逻辑的形式整理了不变因子和初等因子的理论，并讨论了正交矩阵与合同矩阵的一些重要性质。

学海拾贝

在数学名词中，矩阵用来表示统计数据等方面的各种有关联的数据。《九章算术》中曾用分离系数法表示线性方程组，得到了其增广矩阵。如今，矩阵在多个自然学科和社会领域获得了广泛的应用，成为一门应用范围极为广泛的数学分支。

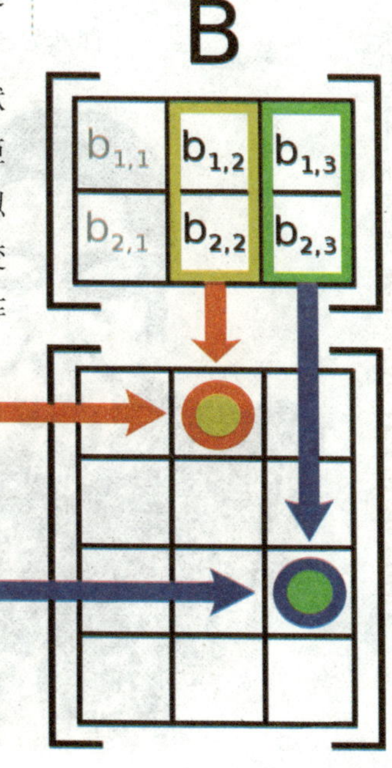

矩阵数字运算方式对现代数学的影响不亚于微积分运算，它是现代科学技术中不可缺少的数学工具。

清末杰出数学家 李善兰

李善兰是我国近代著名的数学、天文学、力学家和植物学家。他创立了二次平方根的幂级数展开式，各种三角函数、反三角函数和对数函数的幂级数展开式，这是19世纪中国数学界最重大的成就。

近代中国人探索西方自然科学奥秘的过程中，李善兰作出了突出的贡献。他不仅翻译了一些西方数理著作，而且通过潜心研究，撰写了一批数学著作，为振兴我国近代数学作出了重大努力，是近代中国著名的数学家。

李善兰幼时在私塾读书，学习辞章训诂，接受传统的封建教育，但他对这些东西总是不太感兴趣。在10岁那年，李善兰偶然发现书架上有本《九章算术》，出于好奇，偷偷拿来阅读。没想到，书中新奇的知识一下就把他吸引住了，他越看越觉得有意思。于是，他每天演算书中的几个题目，借助于前人的注解，由浅入深，循序渐进，最后竟“无师自通”，把书中的题目全部做出来了。

李善兰

因为在当时的中国，人们的数学知识非常贫乏，看到李善兰能够理解那些数学知识，人们都认为他是奇才，对他备加称赞。李善兰也因为这本书而迷上了数学，对儒学经书日渐疏远。私塾老师见他不专心学习经书，反而去学数学，对他大加训斥。李善兰一怒之下，辞学而去。这一举动，引起了人们的非议。对这些说法，李善兰很不以为然，从此便把全部精力放在了阅读数学书籍上。

此后，他又读通了意大利人利玛窦和我国明代科学家徐光启合译的《几何原本》前六卷。在后来的学习生涯中，李善兰广采博览，先后阅读了我国数学家李治的《测圆海镜》、戴震的《勾股割圆记》等许多古代数学名著。

尽管没有老师指导，在阅读精奥难懂的数学著作中遇到了很多困难，但李善兰毫不气馁，迎头而上，想尽办法克服困难，解决问题。有时，为弄懂一个算式，他要查阅许多资料，常常废寝忘食。有时，即使查遍了所有能够看到的资料，暂时也还找不到解决问题的办法，他也绝不因此而放弃，而是更加重视。随着数学知识的增多，他对数学的兴趣日渐浓厚，对数学的爱好几乎达到了如痴如狂的地步。

学海拾贝

李善兰是继梅文鼎之后，清代数学史上的又一杰出代表。其主要著作都汇集在《则古昔斋算学》内，13 种 24 卷，其中对尖锥求积术的探讨，已粗具积分思想，对三角函数与对数的幂级数展开式、高阶等差级数求和等题解的研究，皆达到中国传统数学的很高水平。

在吸收前人学术成果并进行深入研究的基础上，李善兰开始了他数学研究的撰述工作。他先与英国人伟烈亚力合作，翻译欧几里得《几何原本》后九卷，名为《续几何原本》。此后又写出了《方圆阐幽》《对数探源》等书。

李善兰以惊人的毅力和智慧，用数十年的辛勤劳动，把西方近代科学中的数学、天文学、物理学、生物学的科学知识介绍到中国，为我国近代自然科学的发展奠定了坚实的理论基础。

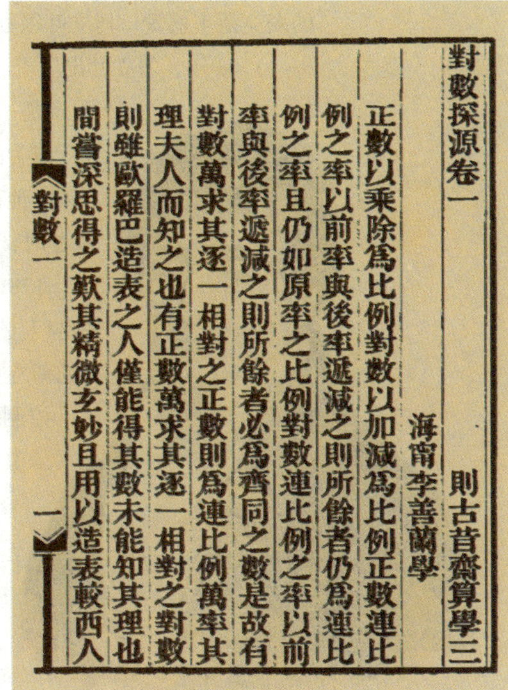

對數探源卷一　則古昔齋算學三

海甯李善蘭學

正數以乘除爲比例對數以加減爲比例正數連比例之率以前率與後率遞減之則所餘者仍爲連比例之率且仍如原率之比例對數連比例之率以前率與後率遞減之則所餘者必爲齊同之數是故有對數萬求其逐一相對之正數則爲連比例萬率其理夫人而知之也有正數萬求其逐一相對之對數則雖歐羅巴造表之人僅能得其數未能知其理也間嘗深思得之歟其精微玄妙且用以造表較西人

對數一　一

《对数探源》书影 →

无心插柳柳成荫 傅立叶

19 世纪初，法国数学家傅立叶完成了一部划时代的经典性著作——《热的解析理论》。在这部书中，他发表了著名论著“热的解析理论”，与此同时，傅立叶在这一研究过程中还创立了“三角级数”“傅立叶分析”等数学理论。

在数学领域中有一个科目叫做《数字信号处理》，而其中一个核心的内容就是“傅立叶变换”，它几乎是数学史上最美妙也最丰富多彩的研究结果，是处理数学、科学和工程的诸多方面问题的不可缺少的工具。建立描述电磁场的基本方程组的麦克斯韦盛赞“傅立叶级数”为“一首伟大的数学史诗”。

1768 年，傅立叶出生于法国奥塞尔的一个平民家庭。他的父亲是一个裁缝，但在他 9 岁时，父母双亡，成为孤儿的傅立叶被当地教堂收养。12 岁时，他被教会送入地方军事学校就读。就在这时，傅立叶表现出数学上的天赋。

↓傅立叶

1789 年，在傅立叶差点被修士劝导为神职人员的时候，法国大革命爆发，21 岁的傅立叶立即投身大革命。当革命失去控制的时候，大批知识分子被处死，其中就包括了像拉瓦锡这样的伟大化学家。于是，大批知识分子离开法国以求自保，傅立叶对大革命充满了绝望。1794 年，26 岁的傅立叶被任命为新建立的巴黎师范高等专科学校的首批教员。

1798 年，拿破仑远征埃及时，傅立叶被任命为军中文书和埃及研究院秘书。1801 年傅立叶回到法国时，就任于原先的巴黎理工大学任数学教授。一年后，他被拿破仑任命为格勒诺布尔市的行政长官。傅立叶受到拿破仑的器重，拿破仑后来授予他帝国贵族的头衔。1817 年，傅立叶当选为科学院院士，5 年后，任该院终身秘书。

早在 1807 年，傅立叶开始他的学术论文写作，并提出求解偏微分方程的“分离变量法”和可以将解表示成一系列任意函数的概念。他在一篇关于热学原理的论文中宣布这个伟大的结果，但是包括数学家拉普拉斯、拉格朗日、勒让德在内的评审委员会虽承认傅立叶此成果的新颖和重要性，但却批评其缺乏数学的严谨，并且由于拉格朗日的激烈反对而最终被拒。

直到 15 年后，傅立叶终于完成了经典性著作《热的解析理论》。在书中，傅立叶推导出著名的“热传导方程”，并在求解该方程时发现解函数可以由三角函数构成的级数形式表示，从而提出任一函数都可以展开成三角函数的无穷级数。

这部书是记载着“傅立叶级数”和“傅立叶积分”的诞生经过的重要历史文献。书中给出了以他的名字命名的“傅立叶级数”“傅立叶积分”和“傅立叶变换”等。他的研究对实际应用产生很大的影响，现代数学就是其中的一个分支。

傅立叶毕生都致力于导热现象的数学表示研究以及确定这些代数方程根的研究，他也因此被因此被誉为“导热理论的奠基人”。

傅立叶一生为人正直，他坚信数学是解决实际问题的最卓越的工具，认为“对自然界的深刻研究是数学发现的最富饶的源泉”。

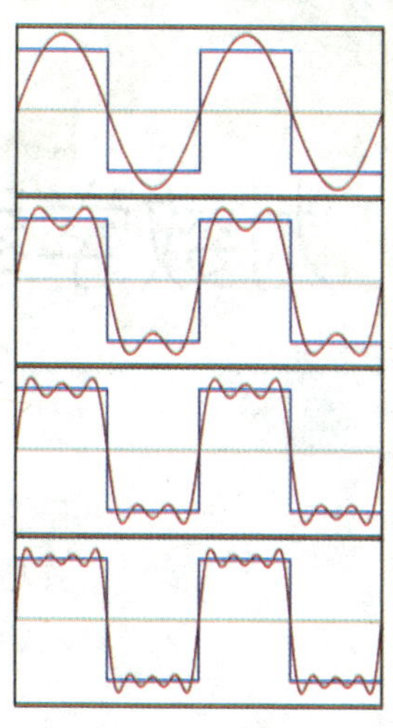

↑以傅里叶级数模拟非正弦曲线的方波，经常运用于电子信号的处理。

学海拾贝

傅立叶的研究成果是表现数学的美的典型。恩格斯把傅立叶的数学成就与他所推崇的哲学家黑格尔的辩证法相提并论，他写道：傅立叶是一首数学的诗，黑格尔是一首辩证法的诗。

为数学奉献一生 黎曼

在19世纪的数学天空上，闪耀着一批灿若星辰的名字。在高斯之外，有一颗匆匆升起，又稍纵即逝的明星，贝恩哈德·黎曼。人类的数学历史上有黎曼这样一些伟大人物，他们给后人留下的并不很多，但其意义却无可估量。

黎曼出生在德国一个乡下牧师之家，从小就酷爱数学。他6岁时开始学习算术，并显现出在数学方面的才华。他不仅能解决所有留给他的数学问题，而且还经常提一些问题来捉弄他的兄弟姐妹。10岁时他跟一位职业教师学习高级算数和几何，很快便超过了老师。

由于经济拮据，黎曼中学时总是靠步行奔波于家和学校之间，当然更没有能力买书。幸运的是，中学校长及时地发现了他的数学才能，考虑到他经济上的困难，校长特许黎曼可以从自己的私人藏书室里借阅数学书籍。有一次，黎曼借了一部数学家勒让德的《数论》，这是一部共859页的4卷本的名著，以晦涩难懂著称。黎曼十分珍惜，他如饥似渴地自学起来，6天之后，黎曼便学完并归还了这本书。校长问他："你读了几页？"黎曼说："这是一本了不起的书，我已经全部掌握了。"之后，校长就这本书的内容考他，黎曼对答如流，并且回答得很全面。这个时候，他只有14岁。

黎曼

19岁时，黎曼进入哥廷根大学学习。为了在经济上帮助家庭得尽快找到一个有报酬的工作，他先攻读哲学和神学，但是除了这两门课程以外，他也去听数学、物理学课程。他听了斯特恩关于“方程论”和“定积分”、高斯关于“最小二乘法”以及戈尔德斯米特关于“地磁学”的数学讲座后，便对数学专业产生了难以割舍的兴趣。受这里数学研究气氛的感染，黎曼征得父亲同意，决定放弃原本选择的神学，专攻数学。

1855 年~1859 年，这五年中，经济拮据、生活清贫一直困扰着黎曼，有时一家甚至陷入对三餐都需要算计的地步。就是在这种情况下，黎曼仍全身心地投入到数学研究工作之中，在科学的崎岖小道上艰苦奋斗，并获得了令人惊异的成就。他在数学上的许多重要成果都是在这个时期内完成的。他对阿贝尔积分和阿贝尔函数的研究，开创了现代代数几何；他首创用复变解析函数研究数论问题，开创了现代意义的解析数论；他对超几何级数的研究，推动了数学物理和微分方程理论的发展。随着研究成果的问世，黎曼在数学界的学术声望迅速提高，他受到许多世界著名数学家的赞扬，获得了一个科学家通常可能得到的最高荣誉。

黎曼是数学史上最具独创性精神的数学家之一，他在众多的数学领域里作出了许多奠基性和创造性的研究工作：他从几何方向开创了复变函数论，是现代意义的解析数论的奠基者；他亲手建立了黎曼几何，是组合拓扑学的开拓者；他对微积分的严格处理作出了重要贡献；在数学物理和微分方程等领域内也成果丰硕。

我们都知道爱因斯坦相对论的重大意义，其实黎曼所建立的特殊几何体系正是相对论重要的“幕后英雄”。如果没有黎曼的贡献，也许爱因斯坦在研究广义相对论时，就不会那么容易了。黎曼为自己独创的集合体系耗尽了毕生心血，他对数学的深刻洞察力令世人惊叹。虽然他的一生非常短暂，对数学的贡献看似不多，但却是数学史上的一位关键人物。

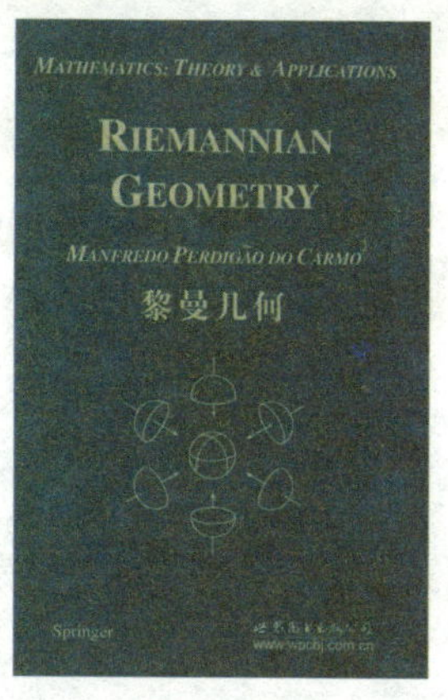

黎曼的几何理论被称为“黎曼几何”，在广义相对论中有着非常重要的作用。

学海拾贝

1854 年 6 月，年迈的高斯抱病参加并主持了学生黎曼的评职演讲报告会。在这次报告会上，黎曼发表了他的《论几何基础的假设》这篇重要论文。在这篇论文中，他通过微分几何的途径，以维度理念为前提，建立起一个更一般的抽象几何空间，“黎曼几何”诞生了。

距发现相对论一步之遥 庞加莱

亨利·庞加莱是法国数学家、天体力学家、数学物理学家、科学哲学家。他的研究涉及数论、代数学、几何学、拓扑学、天体力学、数学物理等许多领域，被认为是19世纪末20世纪初法国最伟大的数学家。

庞加莱是其同时代数学界首屈一指的人物，他是一位科学上的集大成者，在数学、天体力学、物理学和科学哲学等领域，都作出了杰出的贡献。庞加莱在数学方面的杰出工作对20世纪和当今的数学具有极其深远的影响，他在天体力学方面的研究是牛顿以来的第二个伟大的里程碑，他对电子理论的研究被公认为“相对论的理论先驱”。

庞加莱的父母都出生于法国的显赫世家，在法国的洛林居住了几代之久。庞加莱自幼聪明伶俐，但却体弱多病。5岁时患了一场白喉，留下喉头麻痹后遗症。他的视力很差，上课看不清黑板，也不能记笔记。在这种身体条件下，他无法像正常儿童那样活动与成长，不得不以图书为伴。他有惊人的记忆力，可以说过目不忘，而且单靠听课，就能牢固掌握老师在课堂上讲的内容。他不用手进行数学推导和计算，完全靠大脑完成。他可以迅速写出文章来而无需大改，因为一切早在头脑中按部就班地加工好了。

庞加莱 →

庞加莱在中学学习时，就已

显示出非凡的数学才能。学校的教授把他说成是“数学巨怪”。1873年，他以第一名的成绩考入巴黎综合工科学校。他于1875年从该校毕业，名列第二，然后进入国立高等矿业学校学习。在学校期间，他曾自修数学，并且在1878年的一次旅途中，突然闪现“自守函数”的思想，从而完成他的第一个数学发现。

爱因斯坦

在爱因斯坦之前，庞加莱就已经初步提出了相对论思想，并且知道时间会随着物体运动速度的加快而减慢，就在他与最终成功只有一步之遥，并在向着这最后一步迈进之时，爱因斯坦后来居上，夺得了“相对论的首先发现者”这个荣耀。

1879年~1881年，庞加莱在卡昂大学理学院任分析学讲师，1881年~1885年在巴黎大学理学院任分析学讲师，1885年~1886年任物理力学及实验力学讲师，1886年晋升为理学院数学物理学及概率演算讲座教授，1896年改任数学天文学及天体力学教授直至去世。

在大学教书期间，庞加莱还兼任综合工科学校分析学讲师以及普通天文学教授。除了在数学物理方程领域的研究外，他还在天体力学、位势理论、弹性力学、流体力学、热传导理论、热力学、电学、光学、气体分子运动论、概率论等方面也有过论述。

庞加莱被认为是组合拓扑学这门数学分支的奠基者。他引进一系列同调不变量以及基本群，这些都是拓扑不变量。他研究的对象是流形，流形可以看成曲线（一维流形）、曲面（二维流形）的推广，用解析几何可以把它们表示出来，而这个猜想也成为一个未解的难题。

学海拾贝

庞加莱一生发表近500篇研究论文，他的许多贡献是划时代的，开创了许多领域的新纪元，除组合拓扑学外，还有自守函数论、微分方程定性理论、动力系统理论、位势理论等。他还发展了许多新技术，如摄动法及渐进展开等。

天才数学家 希尔伯特

希尔伯特被认为是20世纪上半叶德国乃至全世界最伟大的数学家之一。在他六十多年的研究生涯中，他的足迹踏遍了现代数学的所有前沿阵地。他提出的23个重要问题，更成为20世纪数学家们争相追逐攻克的数学堡垒。

希尔伯特是一位数学家，如果仅仅是作为一个数学家，他在数学领域取得的成就与荣耀已经足以让他屹立数学之林。但是作为一位有良知、正直而不畏强权、敢于公开反对纳粹政府的数学家，希尔伯特将他的名字留在了人类文明的史册上。

希尔伯特是对20世纪数学有深刻影响的数学家之一。他领导了著名的哥廷根学派，使哥廷根大学成为当时世界数学研究的重要中心，并培养了一批对现代数学发展作出重大贡献的杰出数学家。

↓希尔伯特

希尔伯特的出生地柯尼斯堡，不仅是德国一座古老而美丽的城市，也是康德、哥德巴赫的家乡，而著名的"柯尼斯堡七桥问题"更使之名扬欧洲。1862年，希尔伯特就诞生在这座富有学术传统的城市里。

幼年的希尔伯特并没有超人的智力。他8岁才上学，从没有获得过优异的成绩。当时他所学的主要课程是拉丁文和希腊文，对这些课程他颇觉吃力，靠死记硬背才勉强过关。但他对数学从小就表现出卓越的才能。中学毕业时，他不顾做法官的父亲要他继承父业的要求，决定到柯尼斯堡大学攻读数学。进了大学之后，希尔伯特如鱼得水。他发现大学的生活要自由得多，学生想学什么课就学什么课，从此，他可以自由地遨游在数学的海洋之中了。

希尔伯特就分别就读于柯尼斯堡大学和海德尔堡大学，他从每位教授那里吸取精华，开阔自己的眼界。希尔伯特参加了由海因里希、韦伯主办的“不变式理论”讨论班。这个讨论班使他接触到了新领域，确定了他青年时期的主攻方向。

闵可夫斯基

学生时代，希尔伯特结识了两位青年数学家——赫尔曼·闵可夫斯基和阿道尔夫·胡尔维茨。闵可夫斯基比希尔伯特小两岁，17 岁因解决了巴黎科学院悬赏征求的问题，即把一个整数分解为五个平方数之和，从而一举成名。希尔伯特不顾父亲的反对，和这位天才结为终生挚友。

胡尔维茨是希尔伯特的老师，但只比他大 3 岁，由于对数学的整个领域都有非常深刻的了解，25 岁就已成为副教授。这三位年轻人结识之后，约定每天下午 5 点碰头，然后到苹果林里散步。和这两位年轻人比较起来，希尔伯特当时还是一个不出名的人物。但是，他却用这种既容易又有趣的方法，吸收着数学的知识，向自己未来的事业攀登。

胡尔维茨

希尔伯特曾细致地搜集代数数论的知识，用统一的观点对这些知识重新进行组织，作出新的表述和说明。在这个基础上，他描绘出未来宏伟的大厦——类域论的蓝图。希尔伯特的工作，揭示出数论这门原来比较孤立的分支与数学其他分支的联系，概括出了“类域”这个概念，猜想出了许多定理。在 20 世纪中，所有数学中最漂亮的理论——类域论，就是以希尔伯特的研究为出发点的。

学海拾贝

希尔伯特以独具特色的开创性眼光，提出了许多新的概念性的新事物，预示了抽象代数、同调代数的发展。1900 年 8 月 8 日在巴黎第二届国际数学家大会上，他提出了新世纪数学家应当努力解决的 23 个数学问题，这被认为是 20 世纪数学的制高点。

古老的学科 数理统计学

统计学是一门非常古老的数学分支学科，一般认为它的理论研究始于古希腊的亚里士多德时代。现代统计学是应用数学分支，主要通过利用概率论建立数学模型，收集数据，进行量化分析、总结，进而进行推断和预测等。

现代统计学主要是为相关决策提供依据和参考，它被广泛应用在各门学科之上，从物理和社会科学到人文科学，甚至被用在工商业及政府的情报决策中。统计学起源于研究社会经济问题，在两千多年的发展过程中，它至少经历了“城邦政情”“政治算数”和“统计分析科学”三个发展阶段。

统计学是数理统计师有关统计方法的数学理论，它主要研究客观现象中大量随机事件数量变化的基本规律，研究部分随机变量间的数量关系以及这些变量的分布规律，以此来推断有关总体的情况。在数理统计的研究中，需要用到很多近代数学知识，例如分析学与函数论、矩阵代数、组合数学、泛函分析、拓扑学和抽象代数等知识，但与数理统计关系最密切的是概率论。可以说，概率论是数理统计的基础，数理统计是概率论的一种应用，但是，它们两个是并列的数学分支学科，并无从属关系。

↓格兰特

从时间上划分，数理统计的发展可分为三个时期。20 世纪以前，是数理统计的萌芽时期。这个时期，总的来说，没有超出描述性统计的范围。历史上最早出现的统计推断可以认为是英国统计学家格兰特对伦敦市的死亡率进行的统计推断。他在 1662 年发表论文《从自然和政治方面观察死亡登记表》，目的是预告各种瘟疫流行的趋势，从而适时给人们以警告。可以说，数理统计是格兰特于 17 世纪 60 年代开创的。

格兰特对生命统计、保险统计及经济统计进行了数学研究，他由统计的结果发现人口出生率与死亡率相对稳定，于是提出“大数恒静定律”，成为统计学的基本原理。

18 世纪以后，概率论的发展对数理统计产生了一定的影响。19 世纪初，人们开始用概率模型进行数据分析。高斯和勒让德首先把最小二乘法用于分析天文观测中的误差。勒让德在《确定行星轨道的新方法》中，阐述了用最小二乘法给出这一曲线的方法。高斯在《天体沿圆锥曲线绕日运行运动理论》一文中，声明他从 1795 年就开始使用了最小二乘法。此后又经过俄国数学家马尔可夫和其他学者的工作，最小二乘法已成为数理统计中的一种重要方法。

后来，比利时统计学家凯特勒和英国生物学家高尔顿又对数理统计的发展作出了进一步的贡献。凯特勒的主要功绩在于使统计方法获得普遍应用，他对天文学、数学、物理学、生物学、社会统计学及气象学等均有研究，将统计方法应用到上述研究领域中去，并强调正态分布在上述应用中的作用。高尔顿是生物统计学的创始人。他最早把统计方法应用于生物学。他曾到非洲考察和探险，搜集了大量资料，并投入很大精力钻研资料中所隐藏的模型与关系。他将统计方法运用于分析人口数据和遗传特性，揭示了统计方法在生物学研究中的作用。

20 世纪初始到第二次世界大战结束，可以认为是数理统计发展的第二时期。这一时期，数理统计蓬勃发展，日渐成熟，提出了一些带有根本性的重要概念和方法，一些基本分支形成。第二次世界大战以后是数理统计发展的第三个时期，不仅理论上有了长足发展，数理统计在实际生活中也得到了更加广泛的应用。

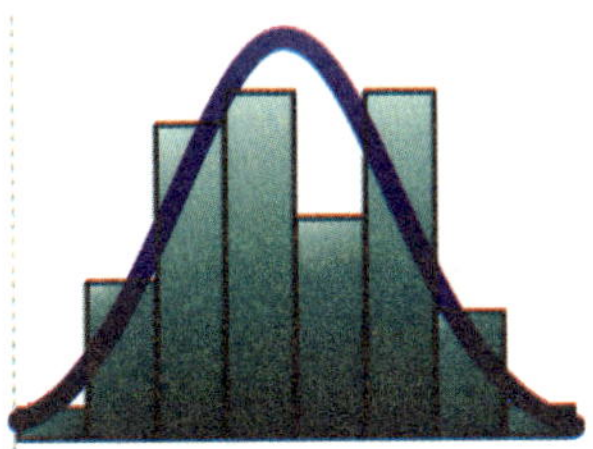

直方图是统计学上常用的用来表示样本各组的一种直观的图表。

学海拾贝

凯特勒曾把统计学与人口普查联系起来，引进了所谓“平均人”的概念，起了总体概念的先驱作用。高尔顿在 1889 年出版了《自然的遗传》一书，引进了回归直线、相关系数的概念，创立了回归分析法。

卓越的女数学家 柯瓦列夫斯卡娅

1850 年 1 月 15 日，索菲娅·柯瓦列夫斯卡娅生于莫斯科。柯瓦列夫斯卡娅的主要贡献是继柯西之后研究了偏微分方程解的存在唯一性问题，给出了结果，现称为“柯西－柯瓦列夫斯卡娅定理”。

↑索菲娅·柯瓦列夫斯卡娅

柯瓦列夫斯卡娅出身于一个俄国贵族家庭，父亲是一位军人，顽固而保守。柯瓦列夫斯卡娅自幼聪慧好学，尤在数学上表现出天才。少年时期的柯瓦列夫斯卡娅好学上进，对数学有着惊人的领悟力。这位数学天才被尼古拉·基尔托夫教授发现后，称她是“帕斯卡”，并且建议她的父亲送她去学习高等数学，但她的父亲却并不乐意。因为当时的俄国普遍存在歧视妇女的现象，从而使妇女上大学读书的道路变得举步维艰。

这使柯瓦列夫斯卡娅意识到，为女性争取受高等教育的平等权利的重要。在她 18 岁那年，征得一名年轻的古生物和地质专业的大学生柯瓦列夫斯基的同意，她以假结婚的办法从父母的监护下解脱出来然后出国。这桩婚事，直到她 24 岁完成学业并在科学研究中取得成果后才与柯瓦列夫斯基结为真夫妻。

1869 年，柯瓦列夫斯卡娅来到德国海德堡。没料到，这里的大学也不让女生注册，只勉强同意旁听基础课。柯瓦列夫斯卡娅学完三个学期基础课后，对被誉为“现代分析之父”的柏林大学教授维尔斯特拉斯充满了敬仰，于是她决心去柏林大学。

1870 年秋天，柯瓦列夫斯卡娅到达柏林。遗憾的是，柏林大学规定女生不得听教授讲课。最后，她抱着一线希望登门向柏林大学名教授维尔斯特拉斯求教。维尔斯特拉斯是一位德高望重的学者，他接见了柯瓦列夫斯卡娅，并向她提出一些比较新颖的难题，这名异国女青年解题技巧和思维方法的独到给老教授留下深刻的印象，便破例答应每星期日为她个别授课。

在维尔斯特拉斯的指导下，1874 年，仅 24 岁的柯瓦列夫斯卡娅提出偏微分方程的柯西–柯瓦列夫斯卡娅定理等 3 篇论文，并在没有进行口试的情况下被授予哥廷根大学博士学位。同年秋天，柯瓦列夫斯卡娅带着学者的荣誉和满腔热情回到了俄国。为了生活，柯瓦列夫卡娅一边将维尔斯特拉斯学派的理论引进和推广到俄国数学界，一边从事文学创作和新闻工作。

1883 年，面对丈夫因经商破产而自杀的打击，柯瓦列夫斯卡娅带着 6 岁的女儿再度出国，并在瑞典的斯德哥尔摩大学取得无报酬试教一年的职位。由于她讲课条理清晰，生动感人，后被聘任为该校数学教授、力学教授。

在此期间，她被数学界公认的一百多年来悬而未决的“数学水妖”难题占据了身心。为了在该问题的研究中有大的突破，法国科学院曾以“鲍廷奖金”三次悬赏。1888 年，当法国科学院再次宣布新的悬赏时，索菲娅·柯瓦列夫斯卡娅以艰苦的劳动，发表了有关这个数学难题的论文。此外，她在欧拉方程与拉格朗日研究成果的基础上，还成功开辟了近代力学中应用数学分析方法的新方向。

1891 年初，柯瓦列夫斯卡娅不幸患肺炎，因误诊而导致病情恶化，同年 2 月 10 日与世长辞。这位杰出的女性虽然离开了，但她的成功赢得了全世界的尊敬和仰慕，这其中既包含着对她在科学上的巨大成就的敬仰，更包含着对她顽强不屈、勇于献身科学的高贵精神的尊敬。

↑ 索菲娅·柯瓦列夫斯卡娅纪念邮票

学海拾贝

1889 年，斯德哥尔摩大学隆重举行庆祝柯瓦列夫斯卡娅的论文获奖大会，瑞典科学院同时给她颁发了奖金，俄国科学院的院士们不顾当局阻挠，破例修改院章中有关“不让女性取得院士荣誉”的条款，选举柯瓦列夫斯卡娅为通讯院士。

抽象代数之母 诺特

1917 年，年轻的犹太裔女数学家诺特慕名来到了哥廷根，因为哥廷根大学在高斯的倡导下，是德国第一所授予妇女博士学位的大学。在希尔伯特力排众议下，这位女数学家得到了暂时在哥廷根大学讲学的机会。

↑艾米·诺特

艾米·诺特是抽象代数的奠基人，她的数学思想直接影响了 20 世纪 30 年代以后的代数学、代数拓扑学、代数数论、代数几何的发展。早在 1910 年，她就把困扰不少数学家的果尔丹的二次型结果推广到了 n 个变量。但即便是这样一位出色的女性，在已经进入 20 世纪的德国要想成为大学讲师，也绝非易事。在希尔伯特的帮助下,她向自己的理想迈进了一大步。

诺特出生在德国一个犹太人家庭，父亲是爱尔朗根大学有名的数学教授。著名的“不变式之王”果尔丹教授是她父亲的密友，常来她家做客。在他们的影响下，诺特对数学充满了热情。诺特很小时眼睛就高度近视，她不喜欢打扮自己，在女子中学读书时，对那些女子教育课都不感兴趣。当别人都忙着打扮收拾时，她则暗暗将成为数学家树立为自己的理想。

18 岁时，诺特考进了爱尔朗根大学。当时，大学里不允许女生注册，女生顶多只有自费旁听的资格。大学的几百名学生中只有两名女生，诺特大大方方地坐在教室前排，认真地听课，刻苦地学习。后来，她勤奋好学的精神感动了主讲教授，破例允许她与男生一样参加考试。1903 年 7 月，诺特顺利通过了毕业考试，但男生们都取得了文凭，而她却成了一个没有文凭的大学毕业生。

诺特夫妇老年时期的照片

对诺特而言，一纸文凭不重要，学到真本事才是最重要的。毕业这年的冬天，她来到著名的哥廷根大学，旁听了希尔伯特、克莱因、闵可夫斯基等数学大师的课程，开拓了眼界，受到了极大的鼓舞，越发坚定了自己献身数学研究的决心。不久，诺特听到了爱尔朗根大学允许女生注册学习的消息，立即赶回母校去专攻数学。1907 年 12 月，她以优异的成绩通过了博士考试，成为该校第一位女数学博士。此后，她在著名数学家果尔丹、费叶尔的指引下，在数学的不变式领域进行了深入的研究。

此后，诺特在希尔伯特等人的帮助下，开始了在哥廷根大学的讲学生涯。在哥廷根大学，她主要讲授有关的数学课程。尽管她讲课技巧不怎么高明，既匆忙又不连贯，但她深刻的数学思想，丰富的数学知识，很快就吸引了许多学生。

作为学校科研的领军人物，希尔伯特十分赏识这个年轻人的才能，想帮她在哥廷根大学找一份正式的工作。当时，哥廷根大学没有专门的数学系，数学、语言学、历史学都划在哲学系里，聘请教师必须经过哲学教授会议批准。希尔伯特的努力遭到教授会议中语言学家和历史学家的极力反对。希尔伯特屡次据理力争都没有结果，在一次教授会议上他愤愤地说："我简直无法想象候选人的性别竟成了反对她升任讲师的理由。先生们，别忘了这里是大学而不是洗澡堂！"

虽然没能被哥廷根大学所接受，但只过了几年的时间，这位遭受歧视、只能以别人名义代课的女性，就用一系列卓越的数学创造，震撼了哥廷根，震撼了整个世界数学界，跻身于 20 世纪著名数学家的行列。

学海拾贝

1921 年，诺特从不同领域的相似现象出发，把不同的对象加以抽象化、公理化，然后用统一的方法加以处理，完成了《环中的理想论》这篇重要的论文。这篇论文的诞生标志着抽象代数学真正成为一门数学分支，或者说标志着这门数学分支现代化的开端。

证明不可能的可能性 哥德尔

库尔特·哥德尔最杰出的贡献是哥德尔不完全性定理和连续统假设的相对协调性证明。在20世纪初，哥德尔证明了形式数论（即算术逻辑）系统的“不完全性定理”，这使他成为20世纪最具智慧的伟大人物之一。

数学是一门具有严格的逻辑基础和推理形式的自然学科，对数学的严格基础的追求，也是自古希腊以来，数学家们一直始终不忘的数学信仰。20世纪，对数学基础的探讨空前深入，已成为纯粹数学的趋势之一，其重要原因之一就是相容性问题。哥德尔的不完全性结果，正是研究相容性问题而得出的非常深刻的思维成果。

库尔特·哥德尔

当20世纪的钟声敲响，当时最有权威的数学家之一希尔伯特，正在把数学向形式化的道路上推进。他认为，数学的每一个分支，都可以从一些简单的事实出发，用严格的逻辑推理的办法，推演出许许多多的结论来。希尔伯特学派满怀信心地认为，这样可以把数学的任务集中到逻辑推理这一点上去，把数学和外界的联系割断。这就是他们所希望的形式化。不可否认，他们的工作大大提高了数学的系统性和严谨性，对数学的贡献也是非常大的。然而，他们的总目标却是荒谬的。

20世纪30年代，年轻的数学家库尔特·哥德尔开创了一条新路，试图去证明一类不可能的问题。他证明了一个非常惊人的定理：在任何一门数学中都有这样的东西，从这门数学中的已知事实出发，你不可能证明它对，也不可能证明它不对。

希尔伯特所设想的数学形式上的严格化在哥德尔看来，或许是一种过于乐观的理想，他对这个目标表示了怀疑。哥德尔认为，数学的任务不能只是逻辑推理，还必须对外界进行观察，不断用新的发现来丰富数学，而这些新的发现是不能从原来的数学知识证明的。为此，哥德尔提出了这样一个命题：这句话是不能证明的。如果你能从某些前提出发证明这句话是对的，那你就得承认这句话是不能证明的，如此一来你就陷入了矛盾。如果你能从某些方面出发证明这句话不对，那你就承认这句话是可能证明的，你怎么又能证明它是错误的呢？

从这个看似简单的命题中，我们似乎陷入了一个两难的悖论。事实上，从任何前提出发，你都既不可能证明这句话是对的，也不可能证明这句话是错的。这样，哥德尔就证明了他的定理。哥德尔定理不但宣告了把数学彻底形式化的企图是不可能的，而且开创了一条新路，既然从正面走不通，我们不妨去走反面，先去证明数学中的不可能问题。哥德尔在这方面的重大成果之一，就是解决了希尔伯特 23 个问题中第 10 个问题：“能不能找到一个办法，用这个办法，可以判断任何一个不定方程是否有整数解。”

数学素来以严谨和完备的知识体系著称于世，因此在哥德尔以前，人们一直认为数学就是完美的象征。然而，哥德尔的不完备性定理的提出，打破了“数学即完美”的观念，但它并没有降低数学在人类社会中的地位，反而使数学更加贴近人类社会的实际生活。

学海拾贝

晚年的哥德尔患有强迫症，总是认为有人要投毒谋害他，除非他的妻子先尝试食物，否则他就不吃饭。1977 年，哥德尔的妻子生病住院，无法为他尝试食物，因此他拒绝进食。1978 年 1 月，哥德尔在普林斯顿医院去世。

1978 年，哥德尔在美国普林斯顿去世。这是他在普林斯顿大学里的墓碑。

让利益最大化 对策论

在一个充满竞争的社会当中，每一种竞争都面临着不只一种选择，不同的选择会产生不同的结果。当然，每个人都想取得最有利的地位。如何在竞争中达到利益最大化，就是对策论所要研究的问题。

田忌赛马的故事我们再熟悉不过了，事实上这个故事所讲述的一个道理其实也属于对策论的内容。什么是对策论呢？对策论是运筹学的一个分支，起源于对室内游戏（如象棋、扑克等）局中人的行为和得失的研究，后来发展成为研究带有竞争因素的社会现象的一种数学方法。这样说来不免有些晦涩，那就让我们先回顾一下田忌赛马的故事，再从中寻找对策论的特点吧。

战国时期，王孙公子哥们经常以赛马进行赌博，每输一匹马就得付出千金，而每胜一匹马就可获得千金。有一天，齐威王要大将军田忌和他赛马，还约定分别从自己的上马（即头等好马）、中马、下马中各选一匹来比赛，也规定或输或赢仍然按老规矩办事。但从马的好坏来看，齐王的每一等马都要比田忌的好。乍一看来，田忌的败局已定，总是要输三千金了。然而，事情却并不是那样简单。

↓孙膑画像

这时，田忌的谋士孙膑出主意说："你尽管同他比赛，我自有办法让你赢。"这个孙膑本是齐人，他曾和魏国大将军庞涓一起学兵法。后来庞涓在魏国当了将军，自以为才能不及孙膑，就十分妒忌他。庞涓诱骗孙膑到魏国，对孙膑明里十分敬爱，背地里却在魏王面前捣鬼，说孙膑的坏话，用以激怒魏王加害孙膑，并借故给孙膑施以膑刑，残忍地挖掉了孙膑的膝盖骨。后来在齐国使臣的帮助下，孙膑才逃回齐国，接着被田忌收为门客。后来，孙膑指挥齐军打败了魏军，那个嫉贤妒能的庞涓落得了个可悲的下场。孙膑虽然身残，但很有智慧，田忌于是听从了他的计划，安排了比赛的顺序。

回数	田忌所用马等级	齐王所用马等级	结果
1	名义：上等 实际：下等	名义：上等 实际：上等	齐王胜
2	名义：中等 实际：上等	名义：中等 实际：中等	田忌胜
3	名义：下等 实际：中等	名义：下等 实际：下等	田忌胜

↑ *"田忌赛马"在后世也成为"错位竞争"的代名词及典型案例，在商战及体育竞赛中时有运用。*

比赛开始了，齐王出上马，孙膑令田忌出下马，这样输了一场；齐王出中马，田忌出上马，赢了一场；齐王出下马，田忌出中马，又赢了一场。纵观全局，田忌虽然输一场，然而却赢了两场，因而获得三千金。

这个故事看似简单，其中却蕴含了对策论的基本思想。从这个故事里我们不难看出，对策论就是关于斗争的数学。关于对策论的另一个有名的例子就是"囚徒疑难问题"。

据说，两个同谋犯共同犯下一桩罪行，被抓起来，分开关着，而且彼此没有办法互通消息。办案人员分别对囚犯提出下面的处理办法，还告诉他们，处理两人的办法相同，而且两人都知道这事。

"你们两人我们都掌握许多具体证据，如果你们两人都声称自己无罪的话，我们总能定你们的罪，每人都处两年徒刑。如果你承认有罪并且提供证据给你的同伙定罪，那我就把你开释，而判你的同伙五年徒刑。"除此之外，当然还有最后一种情况，那就是两人都认罪。如果这样，那就得每人都判四年徒刑。

你从这个问题中看出什么了吗？其实，这个囚徒问题告诉我们了一个基本道理，那就是合作往往比斗争对双方更有利。从这两个故事里，或许你已经明白，所谓对策论实际就是研究如何让事情朝着最有利的一面发展的学问。

学海拾贝

对策论是 20 世纪 20 年代产生的，1944 年冯·诺伊曼与莫根斯恩合著的《对策论与经济行为》被认为是对策论的一部奠基性著作。第二次世界大战期间，对策论在军事上的应用得到重视和发展，之后，更成为经济学上一个重要的研究领域。

第五章 *Di-wu Zhang*

数学与现代科技

Shuxue yu Xiandai Keji

数学是所有自然学科中一门最基础的工具学科，既然是工具，必然要应用到实际中。所以，数学从它诞生的时刻起，便担负起为天文学、地理学、测量学，乃至现在的信息科学、经济学等做尺度、做工具的重任。现代科技中的很多成果，都与数学有着密不可分的联系。从电子计算机的诞生，到弹道导弹的轨迹运算；从银行卡、网上账户的密码，到航天飞机、探测卫星的轨道推算，到处都有数学的影子存在。

让数据安全更有保证 密码

去银行办理存储业务，工作人员会提醒我们正确输入个人账户的密码；上网聊QQ，登录个人邮箱等，我们也会被要求设置一个安全系数高的密码；而个人或公司里的保险柜，则更有着极其复杂的密码。密码到底是什么呢？

密码就像一道无形的门，捍卫着我们的财产安全和个人隐私。在现代社会里，密码几乎无处不在。随着信息技术的蓬勃发展，社会越来越开放，我们的个人信息也可能随时随地暴露在公众目光之下。为了让自己的生活更有安全保障，密码开始大量出现在与我们日常生活息息相关的领域中。

密码是一种用来混淆的技术，它希望将正常的（可识别的）信息转变为无法识别的信息。密码在中文里是“口令”的通称。登录网站、电子邮箱和银行取款时输入的“密码”其实严格来讲应该仅被称做“口令”，因为它不是本来意义上的“加密代码”，但是也可以称为秘密的号码。

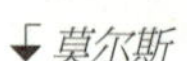

↓莫尔斯

说起密码，我国古代就已经出现了。曾经有一支英国打捞船队在印度洋的一艘古沉船上打捞起一个金属宝盒，盒面上有一圆形字盘，上面刻着20个汉字：春生此物多君国豆愿红枝来采发南儿最相撷思。这代表些什么呢？打捞队长去请教一位华侨，才知道这是一首诗：“红豆生南国，春来发几枝。愿君多采撷，此物最相思。”他沿着这首诗的顺序转动字盘，果然把宝盒打开了。原来这首诗就是一组密码。

1844年，美国画家塞缪尔·莫尔斯发明了

一种被后人称为“莫尔斯电码”的电报码和电报机，开始了无线电通讯。这种编码后来逐步应用到军事、政治、经济等各领域，形成了早期的密码通讯。到第一次世界大战时，密码通讯已十分普遍，许多国家成立专门机构，进一步研制和完备密码，并建立了侦察破译对方密码的机关。目前，信息时代的到来，密码的使用更多、更广，也更加先进了。

去邮局发电报，工作人员要把每个汉字译为四位阿拉伯数字，如明（2494）日（2480）天（1131）晴（2532）。假如为了加密，把每个数字加 1，则收件人收到的电报就变成了（3605）（3591）（2242）（3643）。如果收件人知道对方在每个数字上加了个 1，那么可减去 1，再根据电码本译出来。但是对于不知道密码的人来讲就难破译了。加密的另一种方法是随机加密法，这种方法每个字随机增减，增减数字不固定，这样编出的密码保密性能就比固定加密要强。

有些数学家把加密方法进一步引申，提出了一种“背保式”法。加密方法是公开的，但是“密钥”是保密的。这意味着即便有人知道了加密方法，但找不到“密钥”也是打不开的。这就如同一个门锁一样，打开门锁的钥匙都有五个齿，但五个齿的排列方法不同，就可组合出多种形式的钥匙，一把钥匙只能打开一把锁。所以门锁对掌握钥匙的人来讲一拧便开，对于其他钥匙都具有封锁作用。

密码除了用于信息加密外，也用于数据信息签名和安全认证。这样，密码的应用也不再只局限于为军事、外交斗争服务，它也广泛应用在社会和经济活动中。当今世界已经出现了密码应用的社会化和个人化趋势。例如：可以将密码技术应用在电子商务中，对网上交易双方的身份和商业信用进行识别。

学海拾贝

密码应用于增值税发票中，可以防伪、防篡改，杜绝各种利用增值税发票偷、漏、逃、骗国家税收的行为；应用于银行支票鉴别中，可以大大降低利用假支票进行金融诈骗的金融犯罪行为；应用于个人移动通信中，能大大增强通信信息的保密性等。

在现代生活中，密码与我们的生活密不可分，加密设施随处可见。

信息社会的创想 数学和信息论

早在20世纪40年代，电子工程师香农就已经发现了数学的另一种应用，就是用数学来进行信息运算。从古代的烽火台和驿站到今天的电报、电话等，通讯技术有了很大改变，而数学在这过程中则发挥了巨大作用。

数学在信息技术上的应用，不仅开拓了数学新的应用领域，而且还为现代信息技术奠定了数学基础，为20世纪末期的知识革命带来了希望。

进入20世纪，通信事业的迅猛发展，迫使人们去研究通信工程，并形成理论去统一和解释取得的经验成果和指导通信的实践活动。通信的任务和基本要求是可靠而有效地传递消息。信息论就是在针对这个要求的基础上逐渐形成的。而信息论创始人克劳德·香农，对这一理论体系的形成有着不小的影响。

↓克劳德·香农

香农成长在一个有良好教育的环境中，不过父母给他的科学影响还不如祖父的影响大。香农的祖父是一位农场主兼发明家，发明过洗衣机和许多农业机械，这对香农的影响比较直接。在普林斯顿高级研究所期间，香农就开始思考信息论与有效通信系统的问题。经过八年的努力，从1948年6月到10月，香农在《贝尔系统技术杂志》上连载发表了影响深远的论文《通讯的数学原理》。1949年，香农又在该杂志上发表了另一著名论文《噪声下的通信》。

在这两篇论文中，香农解决了过去许

多悬而未决的问题：阐明了通信的基本问题，给出了通信系统的模型，提出了信息量的数学表达式，并解决了信道容量、信源统计特性、信源编码、信道编码等一系列基本技术问题。两篇论文成为信息论的基础性理论著作。那时，他才刚刚 30 岁出头。

香农的成就很快激起了人们对信息论的巨大热情，它向各门学科冲击，研究规模像滚雪球一样越来越大。不仅在电子学的其他领域，如计算机、自动控制等方面大显身手，而且遍及物理学、化学、生物学、心理学、医学、经济学、人类学、语音学、统计学、管理学等学科。它已远远地突破了香农本人所研究和意料的范畴，即从香农的所谓“狭义信息论”发展到了“广义信息论”。香农一鸣惊人，成了这门新兴学科的奠基人。

现在，我们每天都会被铺天盖地的信息所包围，而在二三十年前这还是当时人们的一种非常美好的设想。20 世纪 80 年代时，当人们在议论未来的时候，人们的注意力便不约而同地集中到信息领域。按照国际一种流行的说法，未来将是一个高度信息化的社会。信息工业将发展成头号工业，社会上大多数的人将从事信息的生产、加工和流通。那时，人们才能更正确地估价香农工作的全部含义。

如今，信息社会已经成为一种现实，我们每个人都在享受着信息社会带来的巨大便利，而香农这个名字也飞出了专家的书斋和实验室，为更多的人所熟悉和了解。

学海拾贝

据说，香农总是关起门来工作，晚上则骑着他的独轮车来到贝尔实验室。他的同事曾写到：“我们大家都带着午饭来上班，饭后在黑板上玩玩数学游戏，但克劳德（指香农）很少过来。他总是关起门来工作，但是，如果你要找他，他会非常耐心地帮助你……”

↓香农和他的著名的机电鼠标“忒修斯”

颠覆数学的精确性 模糊数学

或许，人类这个爱钻牛角尖的毛病也算不得是毛病。知识的海洋博大精深，当我们越往里钻会越感到原来之前所了解的一切竟是这般渺小，甚至它会推翻我们之前所有的认识，比如模糊数学的诞生。

数学一直被看成是一门最讲究精确性的自然学科，“自然科学的女皇”就是人们送给她的赞誉。然而，人们对客观世界的认识总是在打破一个传统理念，再树立一个新的理念这样一个不断循环的过程中一步步艰难地走向真理的。如果你要问，世界上究竟有没有真理，我想说，这个问题真的没有太大的意义。真理并不是颠扑不破、永恒不变的话题，它可能在某个时期、某种环境下是当时世界的真相，但不要忘了，运动和变化无时不在。所以，或者这样说可能更合适，我们就像刚出生的孩子一样，只是怀着最纯真的好奇心去发现和探索世界的，这才是我们人类认识和了解世界的动力。

回过头来，再来看看数学和我们即将讲到的模糊数学。和其他的自然学科比起来，数学最精确性的近乎苛刻的严格要求可说是无可匹敌的。然而必须看到，人们在生活、生产和实验中，经常要用到一些比较模糊的概念判断和推理。数学从模糊到精确，又从精确发展到模糊，标志着人类认识世界、改造世界的能力又提高到了一个新的高度。

↓生活中的光学识别软件就是属于模糊数学的应用范畴。

模糊数学在精确的经典数学与充满了模糊性的现实世界之间架起了一座金桥，然而它的

到来却经历了很大的曲折。起初在人们的下意识中，认为模糊就是近似，因而花了很大的力气去研究近似计算、误差、扰动、灵敏度分析等数学理论，之后，又改弦易辙，把模糊性与偶然性联系在一起，去研究概率、分布、随机过程、数理统计等课题。这些研究虽然都取得了很大成果，可是对解决模糊问题仍然是隔靴搔痒。这些问题直到 1965 年，美国科学家查德第一次提出了“模糊集合”的概念，才有了改观。

“模糊集合”的诞生为模糊数学奠定了基础。查德的贡献在于，他认为模糊这个概念的最根本特点在于有些事物是否概括在某个概念里是不太明确的。例如，一个身高 1.7 米的中学男生算不算高个子呢?这很难说。但是，如果身材越高，他被称为高个子的可能性也就越大。正是基于这样的认识，查德大胆地提出了“类属函数”这一十分重要的概念。

学海拾贝

不少学者认为，在医疗诊断中应用模糊数学特别令人鼓舞。在早期研究阶段，即有人利用模糊聚类分析来辨认猫小脑的某些形态单元的神经细胞并将它分类。很多人一致认为模糊数学对于医学来说，是一个非常合适的数学模型。

从查德发表他的关于“模糊集合”的论文开始，模糊数学的研究在几十年的时间里取得了惊人的成就，研究者与日俱增。模糊数学的观点已经渗入到传统数学的各个方面，这种工作，一般称为把这些分支模糊化，从而出现了所谓模糊拓扑学、模糊群论、模糊对策、模糊概率论等新学科。

从应用方面来看，模糊数学更有着极为诱人的前景。目前，它在信息处理、图像识别、情报检索、人工智能、医疗诊断、自动控制、神经网络以及语言学、心理学、生理学、经济学、生物学、管理科学、侦察罪犯等方面都已崭露头角。人们相信，在未来的年代，更是模糊数学大发展的时代。

科技逐步发达，模糊数学应用的范围也越来越广泛。人工智能机器人，有的就是通过模糊程序来实现机器人的智能效果的。→

哥德巴赫猜想 中国数学家陈景润

1742 年，德国老师哥德巴赫在教学中发现，每个不小于 6 的偶数都是两个素数（只能被和它本身整除的数）之和。这位老师写信向欧拉请教这个问题，欧拉没能证明它，但确信这是一个正确的定理，这就是“哥德巴赫猜想”。

哥德巴赫猜想是一个很神奇的数学问题，虽然到今天为止它还没有被完全解开，但它的意思就连小学三年级的孩子都能够理解。作家徐迟曾说：“自然科学的皇后是数学，数学的皇冠是数论，哥德巴赫猜想是皇冠上的明珠。”而这颗明珠就被中国数学家陈景润摘得了。

当年，哥德巴赫在给欧拉的信中，提出了自己的以下猜想：其一是“任一不小于 6 之偶数，都可以表示成两个奇质数之和”；其二是“任一不小于 9 之奇数，都可以表示成三个奇质数之和”。后来，欧拉在回信中也提出另一命题，即“任一大于 2 的偶数都可写成两个质数之和”。现在通常把这两个命题统称为“哥德巴赫猜想”。把命题“任何一个大偶数都可以表示成为一个素因子个数不超过 a 个的数与另一个素因子不超过 b 个的数之和”记作“a+b”，哥德巴赫猜想就是要证明“1+1”成立。

数学家简称哥德巴赫猜想为（1，1）或“1+1”难题，这个曾困扰不少数学家们的难题，被陈景润运用新的方法，打开了它的奥秘之门，为世人所瞩目。陈景润用自己的方法证明了“1+2”成立，即“任何一个大偶数都可表示成一个素数与另一个素因子不超过 2 个的数之和”。

陈景润家境贫寒，高中还没毕业就以同等学历考入厦门大学。他在小学和中学读书时，就对数学情有独钟，一有时间就演算习题，在学校里成了个“小数学迷”。陈景润还在中学读书时，有幸聆听了清华大学调来的一名很有学问的数学老师讲课。老师给大家讲了一道数学难题：“大约在 200 年前，一位名叫哥德巴赫的德国数学家提出了一个猜想，但他一生都没有证明出来，便给数学家欧拉写信求教，但是欧拉也没能证明。200 多年来，哥德巴赫猜想吸引了众多的数学家，但始终也没有结果，称为‘世界数学界的一大悬案’。”这个引人入胜的故事给陈景润留下了深刻的印象，哥德巴赫猜想像磁石一般吸引着陈景润。从此，他开始了摘取皇冠上明珠的艰辛历程。

陈景润生前在数学领域作出了很多贡献，其中最大的贡献就是为求解歌德巴赫猜想所做的证明。

陈景润大学毕业后，曾留校当了一名图书馆的资料员，除整理图书资料外，还担负着给数学系学生批改作业的工作。尽管时间紧张、工作繁忙，他仍然坚持不懈地钻研数学。无论是酷暑还是寒冬，陈景润在自己那不足 6 平方米的斗室里，潜心钻研，光是计算的草纸就装了几麻袋。之后，他被调到中国科学院研究所工作，作为新的起点，他更加刻苦钻研，经过十多年的推算，在 1965 年发表了他的论文，向世人宣布了自己对哥德巴赫猜想的发现。英国数学家哈伯斯坦和德国数学家希尔伯特把陈景润的论文写进数学书中，称为“陈氏定理”。

学海拾贝

陈景润去世十几年后，他在攻克哥德巴赫猜想和数论方面的研究仍处于世界领先地位。世界级的数学大师——美国学者阿·威特尔这样赞扬他：“陈景润每一项工作，都好像在喜马拉雅山顶行走。”

维纳的创造性理念 控制论

1948 年，诺伯特·维纳发表了《控制论——关于在动物和机器中控制和通讯的科学》一书，简称《控制论》。这本书随即震撼了整个科学界，时至今日，控制论的思想和方法已经渗透到了几乎所有的自然科学和社会科学领域。

“控制论”的诞生引起了各种现代技术不同程度的变革，使人类的思维进入到一个全新的领域。在维纳的数学观念里，控制论被看作是一门研究机器、生命社会中控制和通讯的一般规律的科学，是研究动态系统在变的环境条件下如何保持平衡状态或稳定状态的科学。“控制论”一词最初来源于希腊文“mberuhhtz”，原意为“操舵术”，就是掌舵的方法和技术的意思。在古希腊先哲柏拉图的著作中，经常用它来表示管理人的艺术。而维纳则特意创造“Cybernetics”这个英语新词来命名这门科学。

维纳

诺伯特·维纳出生于美国密苏里大学的一个犹太教师家庭，十几岁时就获得了大学数学学士学位。接着，他在康奈尔大学进修一年，又到哈佛大学读博士，并在 18 岁时获得了哈佛哲学博士学位。而后，他又游学欧洲，在剑桥大学师从罗素等人学数学，在哥廷根大学向胡塞尔等人学哲学、现象学。之后返回美国，先后被聘请为哈佛大学讲师和麻省理工学院讲师、副教授、教授。

第二次世界大战初期，德国空军占优势地位，盟国防空武器的防御力量显得单薄，防空问题变得重要起来。由于飞机航速不断增快，飞行员又采取机动多变的飞行路线，使得防空火炮的瞄准十分困难。人工操纵火炮的反应很难跟上，命中率极低，面对这种情况必须采用自动控制装置。这种装置须解决两个问题：一是预测飞机的飞行方向和速度；二是要找到一种机械方法来模拟炮手的行为，以尽量减少人和其他偶然因素的影响。为此，许多专家和学者都在抓紧研究和解决这些问题，维纳也在这批研究人员的行列之中，并提出了解决问题的有效方案。

对于第一个问题，维纳是用统计学的观点加以解决的。在对火炮的自动控制中，首先要求能预测飞机在下一时刻将达到的位置，以指挥炮位。维纳用调和分析的数学方法来处理飞机轨道的时间序列，能从时间序列的过去数据推知未来或预测未来，这种方法后来被称为“维纳滤波理论”。他还把控制和通信统一起来加以处理，从更广泛的意义上理解信息，把信息作为研究控制和通信过程的关键因素。

对于第二个问题，维纳把火炮打飞机的动作过程与狩猎的行为过程进行类比。他提出了一个重要的概念，即“反馈”的概念。他认识到使系统的行为能保持稳定运行的方法之一，是把活动结果的信息反馈到控制器中，以便调节或控制系统的运行。维纳是从司机驾驶汽车，能使这一系统保持稳定的活动，即不偏离行进路线到达目的地，通过负反馈来调节中得到启发的。由此他认识到负反馈在人控制机械运动中的重要作用。维纳的研究为解决火炮自动控制难题指明了途径，信息与反馈对自动控制起到了关键性的作用。

学海拾贝

1948年，维纳的专著《控制论》正式出版。维纳给这本书加了一个副标题——“关于在动物和机器中的控制与通信的科学”，从而使控制论这门新学科的含义更加明确。至此，一门思想深刻、应用广泛的新学科诞生了。

自动控制是太空探索中最重要的学问，因为人类很难到达外太空和其他星球进行现场操作，自动控制的应用可以帮助人类完成此类的工作。

“计算机之父”冯·诺依曼

人类很多发明都是以服务于生产目的而诞生的，计算工具的产生也不例外。从算盘、手摇计算机等，到电子计算机的问世，人类的计算工具迈上一个新台阶。那些发明者则成为千古留名的重要人物，冯·诺依曼就是如此。

↑冯·诺依曼

冯·诺依曼是20世纪最杰出的数学家之一，在研制世界上第一台电子计算机方面作出了巨大贡献。

冯·诺依曼出生在一个犹太人家庭，他的父亲是位银行家，曾被皇帝授予贵族封号，这个封号就是他家姓中“冯”的来历。冯·诺依曼从小聪明过人，记忆力很强。对冯·诺依曼出色的心算能力和极其敏捷的思维，他的另一个老师、著名数学家波利亚曾回忆说：“冯·诺依曼是我唯一感到害怕的学生。如果我在讲演中列出一道难题，那么当我讲演结束时，他总会手持一张写得很潦草的纸片，说他已把难题解出来了。”冯·诺依曼兴趣广泛，除了数学，他还喜欢历史，他会讲流利的英语、法语、德语，他熟悉拉丁语和希腊语。他喜爱下棋，为人幽默。由于他对工作的极其专注，以至于在生活琐事中常常闹笑话。有一次他在自己家里转了半天，竟然连喝水的玻璃杯都没找到。

冯·诺依曼研究问题时精神高度集中，因而能敏锐地抓住问题的本质。1927年~1929年，冯·诺依曼在柏林大学担任义务讲师。在这期间，他发表了集合论、代数学和量子理论的论文，在数学界崭露头角。1929年10月，他接受美国普林斯顿大学的邀请，到了美国。1931 年被授予终身教授，1933 年加入美国国籍。

在普林斯顿大学期间，冯·诺依曼结识了许多世界一流的科学家，如爱因斯坦、外尔等。他和控制论的创始人、著名数学家维纳经常在一起讨论计算机的研制问题。他和莫根斯恩研究对策论，合作写出了《对策论与经济行为》一书，该书是数理经济学的经典著作。

在科学技术高度发展的时代，冯·诺依曼深深感到电子计算机的重要性。他参观了美国费城宾夕法尼亚大学正在研制的电子计算机，指出它的缺点。1945 年 3 月，冯·诺依曼起草一个设计报告，确定计算机采用二进制，用电子元件开与关表示“0”和“1”。用这两个数字的组合表示任何数，可以充分发挥电子元件的开关变换，实现高速运算。计算机还要采用存储程序。整个计算机由五部分组成：计算器、控制器、存储器、输入和输出。

这份设计报告是计算机结构思想一次最重要的改革，标志着电子计算机时代的真正开始。连一向专搞理论的普林斯顿高级研究院，也破例批准了冯·诺依曼的研制工作。从此，他那崭新的设计思想，深深地烙印在现代电子计算机的基本设计之中。

冯·诺依曼对算子代数进行了开创性工作，并奠定了它的理论基础，从而建立了算子代数这门新的数学分支。这个分支在当代的有关数学文献中均称为“冯·诺依曼代数”，是有限维空间中矩阵代数的自然推广。

学海拾贝

据说，冯·诺依曼打扑克时也爱思考问题，有次就输给朋友十美金。于是他的朋友就买了本《对策论与经济行为》，把赢的钱贴在书的扉页上，开玩笑表示自己胜过博弈论大师。

冯·诺依曼和世界上第一台电子计算机 ENIAC

令无数英雄竞折腰“四色猜想”

所谓的“四色问题”是这样说的：“任何一张地图只用四种颜色就能使具有共同边界的国家着上不同的颜色。”这个问题后来一传十、十传百，引来不少数学家的关注，结果也令诸多大师级人物在这个问题上栽了跟头。

19世纪中叶，毕业于伦敦大学的弗南西斯·格思里来到一家科研单位从事地图着色工作时，发现了一种有趣的现象：每幅地图都可以用四种颜色着色，使得有共同边界的国家都被着上不同的颜色。爱好数学的格思里突发奇想，决定从数学上对这个现象加以证明，他还找了在大学读书的弟弟一起研究。兄弟二人为证明这一问题而使用的稿纸已经堆了一大叠，可是研究工作仍没有进展。

之后，格思里的弟弟就这个问题的证明请教了他的老师，著名数学家德·摩尔根，摩尔根也没有能找到解决这个问题的途径，于是他写信向自己的好友，著名数学家汉密尔顿爵士请教。但直到1865年汉密尔顿逝世为止，问题也没有能够解决。1872年，英国当时最著名的数学家凯莱正式向伦敦数学学会提出了这个问题，于是“四色问题”成了世界数学界关注的问题，世界上许多一流的数学家都纷纷参加了这个大会战。不过，这其中不少人都没能取得好的进展，就连

五色着色的10块区域(下左)仅用四色就可以了(下右)。

希尔伯特的好友，爱因斯坦的老师，当时年轻有为的数学家闵可夫斯基也因为这道题而在课堂上遭遇尴尬之境。

↑依靠计算机强有力的计算能力，数学家们最终证实了四色定理。

据说有一天，闵可夫斯基刚走进教室，就有学生向他请教“四色问题”。闵可夫斯基笑了笑对学生们说：“这个问题叫做‘四色问题’，是一个著名的数学难题。其实，它之所以一直没有得到解决，那仅仅是由于没有第一流的数学家来解决它。”说完便拿起粉笔，要当堂解决这个问题。可是直到下课的铃声响起，闵可夫斯基都没能解决这个问题，于是下一节课又去解答。一连好几天，他都未能解决这个问题，弄得进退两难，十分尴尬。

1879 年，英国律师兼数学家肯普声称自己证明出了“四色问题”。但 1890 年，数学家希伍德便发现这个“证明”是错误的。此后不少数学家都给出过它的“证明”，但后来逐渐地都被发觉“证明”是有毛病的。

一百多年来，没有人能证明这个猜想成立，也没有人能举出相反的例子。正是由于“四色问题”证明之难，才使得它成了世界著名的数学难题。进入 20 世纪后，证明“四色问题”的工作逐渐取得了进展。电子计算机问世后，人们将这个问题交给计算机来完成。

这时在 1976 年 9 月“美国数学学会通告”公布了一个令数学界震惊的消息。由美国伊利诺斯州立大学执教的阿佩尔与哈肯两位数学家利用了三台高速的电子计算机，对“四色猜想”进行证明。他们运用了一种“不可避免性”理论，对 1 万个图进行检验，从中挑出了近两千张特别的图，对每一张地图都使用了 20 万种可能的方法着色，计算机作了 200 亿个逻辑判定，经过 1 200 小时的计算，终于在 1976 年 6 月证明了这个困扰数学界一百多年的难题。

学海拾贝

在计算机问世前，1939 年，英国数学家富兰克林证明：对于 22 国以下的地图，可以只用 4 种颜色着色。1950 年，有人得出证明：对于 35 国以下的地图，可以只用 4 种颜色着色。之后又有人相继证明“四色猜想”同样适用于 39 国、52 国以下的地图。

预测天气 数学与气象研究

数值天气预报是一种天气预报方法，可以说，数值天气预报是以流体力学、大气动力学、热力学为理论基础，以计算数学和计算机为实现方法和手段的近代天气预报方法，因此，具有客观、定量化的优点。

一切天气现象都与大气运动息息相关。尽管大气运动很复杂，但大气运动必须遵循某些基本的物理定律。这些定律的数学表达式，就构成了一定的方程组，于是数值天气预报技术应运而生。数值天气预报用动的流体力学、热力学原理组成方程组，然后用数学方法求解，得出未来大范围的天气形势和降水、气温等有关气象要素值。

数值天气预报是随着计算机技术的发展而发展的。由于数值预报方程组的数值求解要通过计算机来实现，而大气运动的高度复杂性，使得数值求解的难度增加，计算量巨大，因此，数值天气预报的发展很大程度上依赖于高性能计算机的研制和发展。长期以来，计算机的速度或者更精确地说计算机的能力，是制约数值预报的瓶颈因素。而每当计算机技术有所突破，就会给数值天气预报的发展

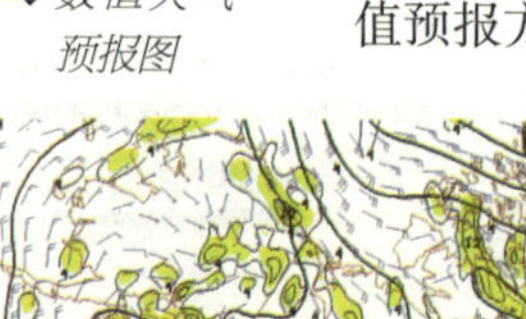

数值天气预报图

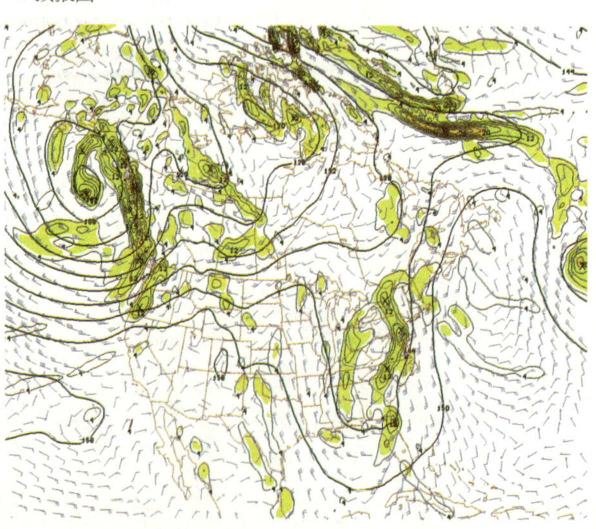

带来新的机遇。

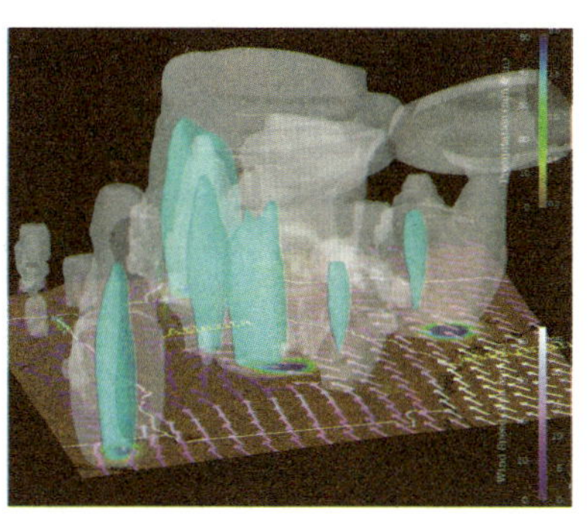
根据数字天气预报模拟出来的暴风雨活动图。

20世纪20年代初，英国数学家理查逊进行了世界上第一次由人工操作的数值预报实验。1950年，美国科学家在刚研制出来的世界上第一台电子计算机上，用了近20小时首次成功地做出了北美地区天气形势24小时数值预报图，这是世界上第一次真正意义上的数值天气预报。随着巨型计算机的使用，从1978年开始，欧洲中期天气预报中心开始进行全球中期数值天气预报。此后，美国、日本等发达国家数值天气预报的发展主要是围绕中期数值预报进行的，其预报时效已从1980年的3天～5天上升到现在的7天～10天。

1955年，在没有电子计算机的条件下，我国科学家用图解法作出了一次24小时预报，中央气象台则于1965年开始数值预报。改革开放以后，我国建立起了一个从资料接收、分析到预报结果输出的自动化、客观化的数值预报系统。国家气象中心于1982年2月正式发布北半球天气形势48小时数值预报，1983年开始发布36小时降水预报。近年来，随着"银河""曙光"等我国自行研制的巨型计算机的使用和先进的气象通讯网络的建设，国家气象中心已建立了更为完善的、面向各省直至地区（市）气象台的中、短期数值天气预报体系，每天发布全球以及区域细网格72小时预报时效的天气形势场和降水、温度等要素的数值预报结果。

科技发展到现在，数值天气预报已成为气象工作者进行天气形势分析和实际天气预报的主要手段。特别是近几年随着高速度、高容量的巨型计算机为主体的计算机及其网络系统和外部设备的发展，气象通讯技术的迅速提高，使得数值预报更为完善，天气形势的预报准确率已达到相当高的水平，而且已从天气形势预报逐步向"定时、定点、定量"的天气要素预报发展。

学海拾贝

当今社会已进入信息时代，计算机技术及其相关算法（如计算机并行算法等）飞速发展，研制每秒上万亿次甚至更高速度的计算机已不再是梦想。随着对天气规律认识的深入以及数值预报理论基础的日益完善，数值天气预报水平将大大提高，其影响也将会日趋深远。

管理学中的数学 运筹学

运筹学是近代应用数学的一个分支，主要是将生产、管理等事件中出现的一些带有普遍性的运筹问题加以提炼，再利用数学方法解决。运筹学的思想在古代就已经产生了，“运筹帷幄之中，决胜千里之外”的说法便是如此。

数学和运筹学在军事系统中的应用十分广泛。

运筹学是在20世纪40年代才开始兴起的一门应用数学分支学科。虽然运筹学的思想兴起很早，在古代战争中，军事家们就明白敌我双方交战，要克敌制胜就要在了解双方情况的基础上，采取最优的对付敌人的方法。尽管如此，但作为一门数学学科，用纯数学的方法来解决最优方法的选择安排，却要晚很多。

进入20世纪后，应用数学呈现出飞速发展的势头，分支学科越来越多，内容极为丰富。而运筹学正是这众多学科中的一个庞大的分支。运筹学产生于第二次世界大战中。1933年希特勒在德国掌权，英国就开始进行适当的准备来防御可能发生的空袭，结果在1937年末设计出雷达和飓风式战斗机。但是，在1938年7月进行的空战演习中，由于雷达和战斗机是临时组合，没能形成一个有效的空防体系。因此，当时对英国东海岸的雷达进行研究工作的领导人罗维建议开展关于雷达-战斗机系统的运用方面（与纯技术方面相对立）的研究工作。他还创造出“运用的研究”即运筹学这个词来称呼这种研究工作，这可以说是运筹学正式诞生的标志。

这种研究工作直接导致英国防空体系根本上的改进，在1940

年八九月间经受了决定性的考验。美国参战之后，在1942 年底，美国也进行了类似的研究工作。由于从事战时工作的科学家在战后大大倡导，而使运筹学的理论和应用在战后得到了蓬勃的发展，有关运筹学的数学问题也得到许多新的解法。

学海拾贝

运筹学广泛地应用数学模型方法。所谓数学模型方法就是通过建立和研究客观对象的数学模型来揭示对象的本质特征和变化规律的一种方法。数学模型方法的使用可以使问题得到合理的简化，可以对问题进行理论分析，逻辑推导，而且有利于得出确定的解。

到目前为止，运筹学还是一门新兴的年轻分支学科，尚处于发展之中，所以很难给其准确的定义，划定其研究范围。但是，运筹学研究者们普遍认为，运筹学是应用系统的、科学的、数学分析的方法，把复杂的功能关系表示成数学模型，即建立模型，然后通过对数学模型的检验和求解，从而为作出最优决策提供数量根据的科学。或者说，运筹学是运用数学方法研究解决经济和工商管理以及其他行业中任务的合理分配、资源的有效取用、设备的充分利用、方案的正确选择等问题的科学。

现代运筹学已经发展成一个庞大的领域，有着多种多样的分支。其总的目标是运用科学方法，特别是数学方法，对社会、经济、军事等复杂系统的运行、组织及管理等方面的问题加以分析，建立模型，提出解法以求最终得出正确的决策。运筹学与一般的决策科学不同之处在于它的定量化、数学化，而数学问题往往是最优化问题，这特别表现在人力、财力、物力、时间、空间等资源配置方面。在日常生活中经常出现物资运输及仓库存储、设备更新、工程顺序统筹安排、搜索及打捞等问题，可借助于运筹学这种在大量决策中寻找最有效、最科学、最优的办法的重要途径来解决。

城市里汽车数量多，利用运筹学合理安排交通流量，可以减少交通堵塞和交通事故的发生。

附录 大事年表

Dashi Nianbiao

公元前 3000 年 ~ 前 1700 年	几何学在古埃及诞生。
约公元前 14 世纪	中国出现十进制计数法计数。
约公元前 11 世纪	古代数学家商高提出了勾股定理的特例。
约公元前 7 世纪	中国古籍中已经出现分数概念的表述。
约公元前 7 世纪末	泰勒斯用演绎法证明有关三角形的一些基本定理。
约公元前 6 世纪中叶	毕达哥拉斯发现并证明勾股定理。
约公元前 6 世纪末	最古老的三阶幻方“河图”（也称“洛书”）出现。
约公元前 5 世纪	希帕索斯发现无理数，引发第一次数学危机。
约公元前 3 世纪	欧几里得在亚历山大城完成《几何原本》。
约公元前 3 世纪	阿基米德用穷竭法求得圆周率的上下界。
约公元前 1 世纪	《周髀算经》成书。
约 3 世纪	古希腊学者丢番图著《算术》。
约 263 年	刘徽注释《九章算术》，创立割圆术。
约 5 世纪	祖冲之注《九章算术》，求得“祖率”。
约 9 世纪	花拉子米完成《代数学》。
13 世纪初	斐波那契提出著名的“斐波那契数列”。
14 世纪初	朱世杰著《四元玉鉴》，建立四元高次方程理论。
14 世纪	算盘开始在我国民间流行。

16 世纪末	纳皮尔发明了对数，给出了最早的对数表。
1631 年	英国人奥特莱德首次使用了“X”这个符号。
1642 年 ~ 1644 年	法国数学家帕斯卡发明了一种加法器。
1644 年	法国数学家梅森提出“梅森猜想”。
1654 年	帕斯卡和费马共同为概率论奠定思想基础。
1665 年	法国业余数学家费马提出著名的“费马大定理”。
1675 年	莱布尼茨在手稿中创立了微积分学符号。
1736 年	欧拉解决拓扑学最早的范例“柯尼斯堡七桥问题”。
1798 年	高斯关于数论的专著《算术研究》大功告成。
18 世纪末 ~ 19 世纪	法国一对师徒蒙日和彭赛列成为射影几何的奠基人。
1822 年	法国数学家傅立叶创立傅立叶级数。
1828 年	伽罗瓦提出“群”的概念，开辟了代数学的新领域。
19 世纪	法国数学家泊松提出“泊松分布”。
19 世纪	高斯、罗巴切夫斯基、黎曼等人创立非欧几何学。

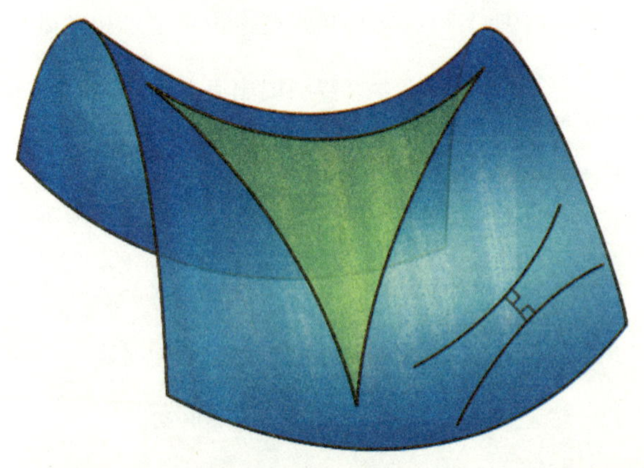

课里课外新阅读

极具挑战的数学故事

Shuxue Gushi